Cristina Lenz/Andreas Mueller
Wirtschaftsmediation

Reihe
OrganisationBeratungMediation
herausgegeben von Dr. Harald Pühl

Bibliographische Information Der Deutschen Bibliothek:
Die Deutsche Bibliothek verzeichnet diese Publikation in der Nationalbibliografie; detaillierte bibliografische Daten sind im Internet über http:// dnb.ddb.de abrufbar.

Originalausgabe 2008

© 2008 by Ulrich Leutner Verlag, Berlin

Ulrich Leutner Verlag, Zehntwerderweg 197, 13469 Berlin
www.leutner-verlag.de

Alle Rechte vorbehalten. Wiedergabe in jeglicher Form - auch auszugsweise - nur mit schriftlicher Genehmigung des Verlages bzw. der jeweiligen Autoren der Beiträge.

Satz und Layout: Ulrich Leutner Verlag
Cover: Ulrich Leutner Verlag
Coverhintergrund: Gabriele Baer
Druck: Fuldaer Verlagsanstalt, Fulda

ISBN: 978-3-934391-42-0

Cristina Lenz/Andreas Mueller

WIRTSCHAFTS-MEDIATION

Ein Leitfaden zur Konfliktlösung in Unternehmen und Organisationen

Leutner

Die Autoren

Dr. Cristina Lenz arbeitet als Rechtsanwältin und Wirtschaftsmediatorin in München und verfügt über internationale Erfahrung in Mediation und Konfliktmanagement in Praxis und Ausbildung. Sie ist Vorsitzende und zertifizierte Trainerin des Bundesverbandes Mediation in Wirtschaft und Arbeitswelt (BMWA)

Andreas Mueller hat internationale Verhandlungen mit dem Schwerpunkt Standardisierung geleitet und komplexe Projektmanagementorganisationen aufgebaut. Er berät bei Konflikten zwischen Arbeitgebern und Arbeitnehmern.

Inhalt

0 - Vorwort 9

1 - Vom Gerichtsverfahren zur Mediation 12
1. Die Exempla GmbH vor Gericht 12
2. Exempla und Latona in der Wirtschaftsmediation 23
3. Zusammenfassung 54

2 - Konfliktmanagement mit Mediation 55
1. Konflikte schaden dem Unternehmen 55
2. Konfliktmanagement-Methoden 67

3 - Erfolgsfaktoren und Konzept der Mediation 74
1. Vorteile der Wirtschaftsmediation 75
2. Mediation als Innovation 78
3. Erfolgbestimmende Faktoren eines Mediationsverfahrens 84
4. Phasen eines Wirtschaftsmediationsverfahrens 86
5. Lösungen mittels der Wirtschaftsmediation 90
6. Zusammenfassung 93

4 - Integration der Mediation 94
1. Fitness 96
2. Umgang mit Konflikten 98
3. Kooperative Gesprächsführung 106
4. Typische Vorbehalte bezüglich der Mediation 118
5. Darstellung des Status Quo 124
6. Änderung der Streitkultur im Unternehmen 126
7. Musterklauseln und Musterverträge zur Mediation 127
8. Fazit für die Exempla GmbH 129
9. Evaluierung nach der Einführung 129
10. Zusammenfassung 130

5 - Mediationscheckliste 131
1. Checkliste für Business-to-Business Mediation 132
2. Checkliste für Inhouse Mediation 134
3. Vorbereitung als Team: Berater und Mandant bzw. Rechtsabteilung und Unternehmen 134
4. Zeitpunkt und mögliche Fallstricke und Hindernisse in der Mediation 134
5. Zusammenfassung 135

6 - Schlüsselfunktion des Mediators 136
1. Anforderungen an einen Mediator 137
2. Der Mediator als Kommunikator 138
3. Erforderliche psychologische Kenntnisse 144
4. Nach welchen Kriterien sollte man den Mediator auswählen? 147

7 - Nachwort 151

8 - Anhang 152
1. Konfliktbezogener Persönlichkeitstest frei nach Xicom 152
2. Literaturliste 159
3. Glossar 162
4. Abkürzungsliste 164
5. Hinweise und Adressen 165

Vorwort

Wenn Sie nicht wissen, wohin Sie wollen, wie können Sie erwarten, dort anzukommen?
John Kalench

Das Thema Mediation, und insbesondere die Wirtschaftsmediation, wird in einem immer größer werdenden Umfang zu einer wichtigen Komponente im Führungsalltag sowie im intra- und interkulturellen Change- und Konfliktmanagement.

Über die Anfänge der begleitenden Beratung bis hin zur institutionalisierten Mediation spannt sich ein Bogen, der auf viele Bereiche gesellschaftlichen Lebens angewandt werden kann. Mediation hat sich über die letzten beiden Jahrzehnte als ein richtungweisendes Verfahren etabliert, Konflikte auf eine produktive Art zu lösen, ohne mit dem Streitfall vor Gericht ziehen zu müssen.

Führung mit mediativer Kompetenz – Management by Mediation – ist ein nicht mehr wegzudenkender Teil im Geschäftsalltag. Diese Ausprägung der sozialen Kompetenz ist für die Personalabteilungen ein wesentlicher Entscheidungsfaktor beim Recruiting geworden. Gerade die Prävention steht für das Management by Mediation im Mittelpunkt.

Die Wirtschaftsmediation fasst die in unterschiedlichen Bereichen der Mediation gemachten Erfahrungen und die daraus gewonnenen Erkenntnisse zusammen und wendet sie auf Inter- und Intra-Unternehmenskonflikte sowie auf Organisations- oder Behördenkonflikte an. Ziel der klassischen Wirtschaftsmediation ist eine Rückführung der zerstrittenen Konfliktpartner auf eine Kommunikationsebene, auf der sie gemeinsam eine zukunftsorientierte Lösung erarbeiten können. Dabei wandeln sie sich von Gegnern zu Partnern und erreichen in kurzer Zeit eine tragfähige Lösung, von der alle Beteiligten profitieren. Der wichtigste Schritt ist dabei, sich zunächst für dieses Verfahren zu entscheiden.

Abb 0-1: Mediation bedeutet Freiheit der Entscheidung

Das vorliegende Werk widmet sich gezielt dem Bereich der Wirtschaftsmediation und dem Management by Mediation. Es wendet sich an Unternehmen, Personalberater, Personalabteilungen (HR-Abteilungen), Consultants, Supervisoren, Trainer und Anwälte – allesamt Akteure und Betroffene im Management von Konflikten innerhalb und außerhalb der Wirtschaftsunternehmen.

Anhand eines roten Fadens, der die Exempla GmbH durch einen konstruierten Streitfall bis hin zu dessen Lösung begleitet, wird eine Rahmenhandlung gegeben, die den Leser in das weitläufige Gebiet der Wirtschaftsmediation führt. Dabei wird der Leser mit den einzelnen Aspekten der Mediation vertraut gemacht, in die Besonderheiten der jeweiligen Abschnitte eingewiesen und auf Verfahren zur Lösungsfindung vorbereitet.

Der nächste Schritt, den der Leser gemeinsam mit der Exempla GmbH vollzieht, ist die Umsetzung der in der Mediation gewonnenen Erkenntnisse. In Form der Implementierung der Mediation als Konfliktlösungsverfahren einerseits und durch die Integration von Management by Mediation andererseits wird die Unternehmenskultur mit einem deutlichen Schwerpunkt auf Prävention bereichert.

In die Rahmenhandlung der Exempla GmbH eingebettet, sorgen abwechselnd Erzählweise und Dokumentation für einen leichten Zugang zur Materie und bieten fallbezogene Unterstützung zum jeweils vorliegenden Mediationsabschnitt in der Konfliktbewältigung. Anschauliche Übersichten unterstützen dabei, das Buch auch als Nachschlagewerk zu verwenden, um bei realen Konfliktsituationen Anleitungen zur Selbsthilfe zu finden.

Durch die personifizierte Erzählweise in einem romanhaften Aufbau kann sich der Leser mit der fortschreitenden Wandlung von einem zwischenbetrieblichen Zwist über die erfolgreiche Wirtschaftsmediation zum innerbetrieblichen Management by Mediation identifizieren. Management by Mediation bedeutet Führungskompetenz sowie Sozialkompetenz entwickeln. Daher ist diesem Bereich ein eigenes Kapitel gewidmet. Im Anhang dienen zwei Checklisten für Business-to-Business- (B2B-) und innerbetriebliche Mediation der gezielten Anwendung von Mediation.

In einem Kapitel werden die Schlüsselfunktionen des Mediators zusammengefasst als Orientierungshilfe zur Auswahl der geeigneten Unterstützung bei der Wirtschaftsmediation. Ebenfalls kann der im Anhang befindliche Persönlichkeitstest eine Hilfestellung für das Management by Mediation bieten.

Ein wichtiger Teil wird der Konfliktprävention eingeräumt, die als Kulminationspunkt der Mediation verstanden werden kann: Werden die Grundregeln der intrakulturellen Kommunikation in einem Unternehmen beherzigt, lassen sich mögliche aufkeimende Konflikte in einem frühen Stadium bereinigen. Überdies wird dadurch die Motivation der Mitarbeiter und somit die Produktivität des Unternehmens gesteigert.

Eine intakte Kommunikation zwischen Individuen ist der Schlüssel zum geordneten Zusammenleben und -arbeiten. Eine gestörte Kommunikation stört nicht nur innerbetriebliche Abläufe, sondern gefährdet das Zusammenleben. Mittels Mediation kann die notwendige Kommunikation wieder hergestellt werden.

Dieses Buch soll allen Beteiligten in einem Unternehmen, einer Organisation oder Behörde als Leitfaden dienen, auftretende Konflikte frühzeitig zu erkennen und auf eine neuartige Weise zu lösen bzw. zu vermeiden. Die Grundsätze dieser zukunftsweisenden Vorgehensweise lassen sich in allen Bereichen anwenden.

Cristina Lenz und
Andreas Mueller

München, Frühjahr 2008

1

Vom Gerichtsverfahren zur Mediation

> Wenn wir die Vergangenheit und die Gegenwart miteinander streiten lassen, werden wir die Zukunft verlieren. (Winston Churchill)

1. Die Exempla GmbH vor Gericht

Rolf Neufeld, Geschäftsführer der Exempla GmbH, sitzt seit einer halben Stunde in einem Sitzungssaal im Münchner Justizpalast. Er ist leicht verunsichert und blickt sich ratsuchend um. Die kahlen Wände des hohen Raums hinterlassen bei ihm einen Eindruck der Distanz und Kühle, und er fragt sich zum wiederholten Male, durch welche Umstände er an diesem Tag hierher kommen musste.

Beinahe wehmütig schaut er aus dem Fenster auf den Neptunbrunnen, in dessen Wasserfontänen sich die Strahlen der nachmittäglichen Sonne brechen. Vor seinen Augen verschwimmen die leuchtenden Strahlen, verändern sich Raum und Zeit und er sieht sich in seinem Büro wieder.

Es ist der Sommer des vergangenen Jahres. Sein Unternehmen läuft hervorragend, die Auftragsbücher sind gefüllt, die prognostizierte Halbjahresbilanz ist ausgezeichnet: Rolf Neufeld kann sehr zufrieden sein. Völlig überaschend flattert ihm eine Klageschrift der Latona GmbH ins Haus, zu der seit Jahren sehr gute geschäftliche Bindungen bestehen.

Zugegeben, in den letzten Besprechungen kamen von der Latona GmbH zunehmend Problemdarstellungen und Äußerungen der Unzufriedenheit, die jedoch aus der Sicht von Rolf Neufeld allesamt völlig überzogen waren. Aber eine offizielle Klage? Der Geschäftsführer der Exempla GmbH ist sichtlich irritiert und vertieft sich in das Schreiben.

Klageschrift

In der Klageschrift wird der Exempla GmbH vorgeworfen, vertragliche Lieferverpflichtungen nicht erfüllt zu haben. Die Exempla GmbH hätte bei den ersten Versäumnissen versucht, diese zu vertuschen. Erst durch massiver werdende Beschwerden seitens der Latona GmbH hätte sie sich bereit erklärt, die Fehlmengen aufzufangen und adäquat zu kompensieren. Nachdem dies mit dem ihr zur Verfügung stehenden Personal nicht mehr durchführbar geworden war, die zugesagten Mengen wieder nicht geliefert wurden und obendrein noch Qualitätsmängel dazu kamen, kündigte die Latona GmbH nach Fristsetzung mit Ablehnungsandrohung die Vertragserfüllung. Die Unzuverlässigkeit und die damit bei den Kunden der Latona GmbH verursachten Folgeschwierigkeiten entzögen einer weiteren Geschäftsbeziehung jegliche Grundlage. Die Kosten würden ins Unermessliche steigen, wobei die Qualität bisher unbekannte Tiefstände erreiche. Um den Schaden zu begrenzen, sehe die Latona GmbH keinen anderen Weg als den der Klage. Die Exempla GmbH wird zur Zahlung einer Teilsumme von 70.000,- Euro verklagt, um den der Latona GmbH entstandenen Schaden zu kompensieren und sie für den entgangenen Gewinn zu entschädigen. Dem Schriftsatz ist zu entnehmen, dass sich der gesamte verursachte Schaden auf eine halbe Million Euro belaufe.

Rolf Neufeld ist außer sich. Die Latona GmbH war sein bester Kunde und Hauptabnehmer eines nicht unbeträchtlichen Teils der Produktpalette. Neuentwicklungen auf diesem Sektor stand sie immer aufgeschlossen gegenüber und brachte gemeinsam mit der Exempla GmbH etliche Innovationen zur Serienreife. Die geschäftlichen Beziehungen waren über lange Jahre gereift und mit ihrem Geschäftsführer Gerd Hagemeier verband ihn ein geradezu freundschaftliches Verhältnis. Und jetzt das. Aus scheinbar heiterem Himmel wird eine Klageschrift versandt. Sein erster Gedanke ist der einer sofortigen Gegenattacke, denn eine Klage will er nicht auf sich und seiner Firma sitzen lassen. Er nimmt umgehend Kontakt zu seinem Rechtsanwalt Thomas Melzer auf. Dieser ist als langjähriger Rechtsbeistand und Vertrauter der Firma verärgert über die Unverfrorenheit der Klage. Vorherige Verhandlungen und eine angemessene Form der Darlegung der bestehenden Probleme wären ihm lieber gewesen. Nachdem jedoch die Klage bereits eingereicht und damit rechtshängig ist, sieht er als Verteidigungsmöglichkeit nur die fristgerechte Einreichung einer Klageerwiderung. Zum jetzigen Zeitpunkt noch eine gütliche, außergerichtliche Besprechung durchführen zu wollen, scheint ihm nicht möglich, denn das hätte aus seiner Sicht demonstriert, dass die Exempla GmbH sich ihrer Rechtsposition nicht sicher sei.

Vorbereitung der Klageerwiderung

Rolf Neufeld stimmt zu und beginnt, sich innerlich auf einen aufwändigen Gerichtsprozess einzustellen. Er sieht lange Beweisaufnahmeverfahren, Zeugenaussagen, Verhandlungen und am Ende eines mehrere Jahre dauernden Verfahrens einen Richterspruch vor sich. Dabei denkt er an die Kosten, die Arbeit und den Imageverlust. Da die Anschuldigungen seiner Meinung nach gänzlich unberechtigt sind, verdrängt er die Möglichkeit eines Unterliegens bei Gericht. Sein Rechtsanwalt bestärkt ihn darin und fängt an, Beweise gegen die Richtigkeit der Aussagen in der Klage zu finden. In Neufelds Kopf kreist immer wieder der Gedanke, ob man nicht in Ruhe darüber hätte reden können. Nun sind aus Geschäftspartnern Gegner im Rechtsstreit geworden. Jedes Nachgeben könnte als Zeichen von Schwäche gedeutet werden. Obwohl RA Melzer von seiner Rechtsposition überzeugt ist, kennt er die althergebrachte Weisheit: „Vor Gericht und auf hoher See sind wir in Gottes Hand".
Selbst wenn er aus wirtschaftlichen Gründen zu einem Einlenken raten würde, muss er seinem Mandanten Zuversicht geben, dass der Prozess zu gewinnen sei. Damit ist er gezwungen sich detailorientiert in die Vergangenheit zu vertiefen.

Die nächste Zeit ist angefüllt mit zahllosen Besprechungen des Krisenteams, mit Terminen bei Anwalt Melzer und mit Mitarbeitern der Firma. Eine Vielzahl von direkt oder indirekt Betroffenen wird eingeschaltet, um so viele Informationen und stichhaltige Argumente für die Gerichtsverhandlung zu sammeln wie möglich. Obwohl die Zeit durch das gestiegene Arbeitspensum rasch verstreicht, kann sich Rolf Neufeld seiner Gedanken zu den Anschuldigungen, die ihn persönlich treffen, nicht erwehren. So richtig abschalten kann er während dieser Monate gar nicht, die Belastung nimmt zu.

Bereits drei Wochen nach der Klageerwiderung erhält er die Replik der Latona GmbH. In dieser schriftlichen Stellungnahme auf die Klageerwiderung des Beklagten in einem Zivilprozess bringt die Latona GmbH neuerliche Tatsachen und Darstellungen vor, die die Argumente der Klageerwiderung entkräften sollen.

Dies bewirkt beim Krisenteam der Exempla GmbH eine Eskalation. Die nun geführten Diskussionen um den Fortgang der Beweissammlung kulminieren in einer 'Jetzt erst recht'-Haltung. Flugs ist eine Duplik als Entgegnung der Replik verfasst und an das Landgericht gesandt. „Sollen sie nur kommen, die von der Latona GmbH! So leicht gibt sich die Exempla GmbH nicht geschlagen!"

Erster Gerichtstermin

Einige Monate später ist ein erster Gerichtstermin anberaumt, und die beiden Anwälte sind geladen, den Fall vor dem Landgericht München I zu vertreten. Rechtsanwalt Thomas Melzer vertritt die Exempla GmbH, Rechtsanwältin Susanne Baumann die Latona GmbH. In diesem frühen ersten Termin formuliert das Gericht seine Sicht der Dinge anhand der Aktenlage. Auf die Anträge der beiden Rechtsanwälte, die sich aus Klage und Klageerwiderung ergeben, wird Bezug genommen. Anschließend wird gemeinsam der Sach- und Rechtsstand erörtert. Beide Anwälte tragen ihre Argumente engagiert vor. Es wird heftig diskutiert. Gesetzesgemäß dazu verpflichtet, regt das Gericht einen Vergleich an. Keine Seite will sich eine Blöße geben und gleich nachgeben. Bei einer noch nicht eingeklagten Gesamtsumme von 500.000 Euro würde eine ungefähre Einigung in der Mitte eine letztendliche Zahlung von 250.000 Euro bedeuten, auch wenn jetzt erst ein Teil anhängig ist. Dies würde Thomas Melzer seinem Mandanten auch nicht verständlich machen können. Für Susanne Baumann wäre so eine Einigung ebenfalls eine Niederlage, zumal das Gericht nicht hatte erkennen lassen, wie ein Urteil ausfallen würde. Nachdem ein Vergleich nicht zustandekommt, wird eine neue Sitzung einberaumt, bei der vorzutragende Beweise die Sachlage klären sollen.

Der Bericht seines Rechtsanwalts macht Rolf Neufeld unzufrieden. Auf die Frage nach dem Sinn eines Vergleichs erklärt RA Melzer, dass das Gericht dem Gesetz nach hierzu verpflichtet sei. Darüber hinaus hoffen die Richter, die Sache auf diese Weise zu einem raschen Ende bringen zu können, ohne selbst ein Urteil verfassen zu müssen. Ein Vergleich soll ein gegenseitiges Nachgeben darstellen. Dazu war die Gegenseite jedoch nicht bereit. Außerdem hätten sich die Richter nicht wirklich für die Hintergründe interessiert. Das angeregte pauschale „Treffen in der Mitte" erschien ihm daher wie eine Lösung von der Stange.

Zweiter Gerichtstermin

In der zweiten Sitzung treten die ersten Zeugen auf. Die Aussagen von Hans Rothinger, dem Fertigungsleiter und Simon Feldmann, dem Einkaufsleiter der Latona GmbH tragen zwar zur Verständlichkeit der entstandenen Probleme bei, bringen jedoch keine Annäherung der beiden Parteien. Aus den Zeugenaussagen ergeben sich dafür Hinweise auf weitere benannte Zeugen, die substanzielle Informationen beitragen könnten. Dem Vorschlag, diese zu laden, stimmt das Gericht zu und gibt einen Folgetermin bekannt.

Dennoch ist Rolf Neufeld verärgert. Er hatte spätestens jetzt fest mit einem eindeutigen und für seine Firma positiven Ausgang der Verhandlung gerechnet. Und nun schon wieder ein neuer Termin und noch dazu erst in weiteren fünf Monaten. Rolf Neufeld verspürt zwar keine Angst, aber die lange Zeit voller Ungewissheit wirkt sichtlich belastend.

Vier Wochen vor dem Termin schickt das Landgericht die Terminsladung zu, wonach die beteiligten Rechtsanwälte, Zeugen und Geschäftsführer zu erscheinen haben. Rolf Neufeld ist entnervt; das Schreiben wiegt schwer in seinen Händen. Freunde sprechen ihn schon auf seine Verfassung an, die sich zusehends verschlechtere. Er sieht daher mit gemischten Gefühlen dem Gerichtstermin entgegen. Die Ungewissheit, inwieweit es zu einem schlechten Vergleich oder gar zu einem existenzgefährdenden Urteil kommen könnte, verstärkt noch das Gefühl des Ausgeliefertseins.

Perspektiven-Kompass

Die althergebrachten Konfliktlösungsmodelle ergeben durch ihre Institutionalisierung in der Gerichtsbarkeit einen Rahmen, der für die Kontrahenten scheinbar kalkulierbar ist. Dieses Denken hat über Generationen hinweg die Einschätzung der Konfliktlösungsmöglichkeiten geprägt und in Kombination mit der weiten Verfügbarkeit rechtlichen Beistands eine

Quasi-Selbstverständlichkeit des Rechtsstreits bewirkt. „Wir sehen uns vor Gericht" wurde zum geflügelten Wort, sobald den Streitparteien die Argumente ausgingen. Ab diesem Zeitpunkt agieren die Parteien in der Regel so, als gäbe es keinen anderen Weg, als den, einer dritten Person die Entscheidung zu überlassen und über den Fall zu richten. Dass sie dabei die Kontrolle über und die Verantwortung für das Ende des Streits verlieren, scheint vielen Streitparteien nicht bewusst zu sein.

Im anschließenden Rechtsstreit tritt nicht selten eine weitere Eskalation des Konflikts ein. Dabei sind die streitverschärfenden von den streitmindernden Faktoren unterscheidbar:

Streitverschärfende Faktoren	Streitmindernde Faktoren
Objektive Wirklichkeit	Subjektive Wirklichkeit
Juristischer Anspruch	Reale Interessen
Suche nach Fehlern	Finden von Lösungen

Abb. 1-1: Streitverschärfende und streitmindernde Faktoren

Wenn nach einer „objektiven" Wahrheit gesucht wird, um einen juristischen Anspruch zu begründen, muss zwingend irgendjemand einen Fehler gemacht haben. Der Fokus liegt darauf, dass etwas falsch oder zumindest schlecht oder wenigstens nicht termingerecht erledigt wurde. Dieser Fokus auf der einen Seite löst auf der anderen Seite einen Rechtfertigungsdruck aus. Die Spirale dreht sich in die negative Richtung, wohingegen sie sich mit der Grundlage der „subjektiven" Wirklichkeit in die positive Richtung auf eine Lösung zudreht, da hier die Interessen zugrunde liegen. Ein Beispiel, das dies pragmatisch darstellt, ist der „Perspektiven-Kompass".

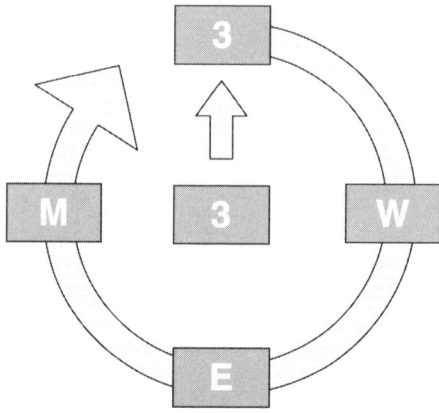

Abb. 1-2: Perspektiven-Kompass

Ausgehend von einer Darstellung der Ziffer „3" ergeben sich verschiedene Ansichten. Alle Betrachter, die sie aus der gleichen Perspektive sehen, würden zustimmen, dass dies eine „3" darstelle, sie würden ferner davon ausgehen, dass dies auch die objektive Wahrheit sei. Aber eine 90°-Drehung nach rechts lässt die „3" zu einem „W" werden. Subjektiv würden alle sagen „W". Doch auch diese scheinbare neue „objektive" Wahrheit lässt sich nurch eine weitere 90°-Drehung nach rechts ins Wanken bringen. Nun könnten alle behaupten, es handle sich um ein „E". Und bei nochmaliger Drehung verwandelt sich die scheinbar objektive „3" in ein „M", um nach einer weiteren Drehung wieder zu einer „3" zu werden. Zusammengefasst kommt folgender Perspektiven-Kompass zustande.

Aus ihrer jeweiligen, subjektiven Perspektive haben alle Betrachter recht. Die „objektive" Wahrheit wird zu einer Frage des Standpunkts, der Betrachtungsweise und der Argumentation. Für den Konflikt bedeutet dies, dass alle Beteiligten sich zunächst orientieren müssen und gleichzeitig möglichst alle Seiten der Situation betrachten und beachten sollten. Statt streitverschärfender Argumentation nehmen die Konfliktparteien die jeweils andere Perspektive ein, und dies erleichtert das Finden gemeinsamer Lösungen. Dies gilt extern wie intern.

Bei der Entscheidung für eine Vorgehensweise gilt es zunächst, Antworten auf nachfolgende Fragen zu finden:

- Welche Vorteile liegen in den durch konfrontative Konfliktlösungsmodelle (z. B. Gerichtsstreit, Top-Down-Entscheidungen) erzielbaren Lösungswegen?
- Wie stellen sich diese im Vergleich mit den modernen Methoden dar (z. B. Mediation, Management by Mediation)?
- Welche Abwägungen hat eine Partei zu treffen, um einen vorliegenden Konflikt adäquat zu lösen?

So macht sich Rolf Neufeld am anberaumten Tag in der Früh gemeinsam mit seinem Anwalt Thomas Melzer auf den Weg zum Justizpalast. Mit jedem Meter wächst der Unmut vor der bevorstehenden Verhandlung. Jenes vor der Wende ins 20. Jahrhundert errichtete Gebäude, das er bisher nur in seiner äußerlichen architektonischen Schönheit bewundert hatte, wächst nun bedrohlich vor ihm in den Sommerhimmel. Die langen Flure hallen wider von dem Echo seiner Schritte.

Die Sitzung beginnt mit dem Aufruf der Sache, wobei Rolf Neufeld erneut die Klage in Erinnerung gerufen wird, mit der alles angefangen hat. Bei der Prüfung, welche Vertreter und Anwälte der beiden Firmen zugegen sind, fallen ihm die innigen geschäftlichen Beziehungen ein, die seine Firma früher mit der nun als Kläger auftretenden Latona GmbH gepflegt hatte. Die Geschäftsessen, die gemeinsame Verständigung über die Ziele beider Firmen und die gemeinsame Zukunft – alles Dinge, deren Bedeutung vor dem unvermeidlichen richterlichen Urteil abnimmt und in den Hintergrund tritt.

Er blickt wehmütig aus dem Fenster und richtet seine Augen auf die Vögel, die den Neptunbrunnen im Alten Botanischen Garten umkreisen und muss von seinem Anwalt ein zweites Mal mit dem Ellenbogen angestoßen werden, bis er die Frage des Richters versteht:

„Aufgrund der für beide Seiten nicht eindeutigen Beweislage und des sonst unsicheren Ausgangs des Verfahrens rege ich erneut an, einen Vergleich zu schließen. Ihre Mandanten sind anwesend, und so können Sie sich unmittelbar mit ihnen abstimmen."

Rolf Neufeld hatte darüber vor lauter Streitorientierung nicht sehr viele Gedanken aufgewendet, sieht jedoch nun eine Möglichkeit, das drohende Alles-Oder-Nichts-Risiko zu vermeiden. Er signalisiert seine grundsätzliche Bereitschaft, gibt seinem Anwalt jedoch zu verstehen, dass eine gütliche Einigung nur unter Einhaltung gewisser noch aufzustellender Bedingungen möglich wäre...

Übergang zur Wirtschaftsmediation

Der Richter Jonas Eichenberger erklärt allen Beteiligten: „Nach den schriftsätzlichen Ausführungen, dem bisherigen Verlauf des Verfahrens und dem, was das Gericht heute hier von Ihnen als Geschäftsführer und von Ihren Anwälten gehört hat, könnten wir uns vorstellen, dass eine Wirtschaftsmediation das geeignete Verfahren wäre, eine Lösung zu finden. Diese könnten wir hier bei Gericht zu Protokoll nehmen, um damit den Prozess zu beenden. Zwischenzeitlich würde das Gerichtsverfahren ruhen. Es kann jederzeit wieder aufgenommen werden. Entweder um die Lösung zu protokollieren oder – falls Sie sich nicht einigen – das Gerichtsverfahren fortzusetzen. Insbesondere im Hinblick auf die unklare Beweislage, den bisherigen Prozessverlauf und Ihre vormals ausgezeichneten Geschäftsbeziehungen hält das Gericht das Mediationsverfahren für geeignet."
Die betroffenen Geschäftsführer wechseln einen kurzen Blick; den ersten seit ihrem Eintritt in diesen Verhandlungssaal. Rolf Neufeld meint in den Augen von Gerd Hagemeier einen Anflug eines Entgegenkommens zu erkennen.

„Ein wesentlicher Aspekt der Mediation", fährt der Richter fort, „ist die Zukunftsorientierung. Während wir hier bei Gericht den juristischen Fokus in erster Linie in die Vergangenheit richten, um zu überprüfen, ob ein gesetzlicher oder vertraglicher Anspruch gegeben ist und bewiesen werden kann, arbeitet die Mediation mit dem Blick auf die Interessen in wirtschaftlicher und persönlicher Hinsicht. Das Ergebnis kann ein Vergleich sein. Dies ermöglicht ein Planen und Zusammenwirken der Geschäftsbeziehung, wohingegen sich erfahrungsgemäß die Fronten verhärten, wenn ein Urteil zwischen den Parteien steht. Das Gericht legt Ihnen daher das Verfahren der Mediation nahe. Um dieses durchzuführen könnten ihre Anwälte das Ruhen des Verfahrens beantragen. Die Mediation belässt Ihnen selbstverständlich die Möglichkeit, falls Sie darin nicht zu einem abschließenden Ergebnis kommen, jederzeit das Gerichtsverfahren fortzusetzen."

Beide Anwälte nicken zustimmend, und der Richter schlägt vor: „Die Verhandlung wird für die Dauer von zehn Minuten unterbrochen, während derer Sie sich mit Ihren Anwälten vor dem Sitzungsaal besprechen können."

Rolf Neufeld ist nach dem Gespräch mit seinem Anwalt positiver gestimmt. Dieser hat ihm erläutert, dass durch eine Mediation vielleicht doch noch eine zukunftsgerichtete Einigung möglich wäre. Es käme dabei darauf an, eine gemeinsame Lösung zu erarbeiten. Nachdem die persönlichen und geschäftlichen Beziehungen zu Gerd Hagemeier immer sehr gut waren und Rolf Neufeld sehr daran gelegen ist, diese weiter zu führen, nimmt er den Vorschlag des Gerichts erleichtert auf: „Wir sehen mit Optimismus einer Mediation entgegen."

Nach der Zusage der Latona GmbH durch Rechtsanwältin Susanne Baumann diktiert der Richter ins Protokoll: „Beide Parteien sind willens, eine Mediation durchzuführen. Die Einleitung der Mediation wird den Anwälten übertragen. Es ergeht folgender Beschluss: Das Verfahren wird auf unbestimmte Zeit ausgesetzt. Auf Antrag einer Partei kann es wieder aufgenommen werden."

Richter Eichenberger schließt die Verhandlungen: „Gerade auch wegen der persönlichen Beziehungen zwischen Ihnen beiden begrüße ich Ihre Entscheidung, eine Mediation zu versuchen. Am einfachsten wäre es, Sie ließen sich von einer der Organisationen, die im Bereich der Wirtschaftsmediation tätig sind, geeignete Mediatoren vorschlagen."

Nach dem abschließenden Gespräch mit seinem Anwalt scheint die Wirtschaftsmediation für Rolf Neufeld das Vehikel für den Weg aus den ausweglosen Verhandlungen zu sein. Die verhärteten Fronten, die gesamten Belastungen, die davonlaufenden Kosten und die drohenden Verluste sprechen aus seiner Sicht stark dafür, das Verfahren der Mediation zu versuchen.

Gegenüberstellung von Konfrontation und Kooperation

Die zwei gegensätzlichen Denkansätze führen zu konträren Ergebnissen. Dabei stehen die konfrontativen Methoden für den traditionelleren Ansatz, einseitig-absolute Lösungen zu suchen, wohingegen die kooperativen Methoden den ganzheitlichen Ansatz mit beiderseitigem Gewinn verfolgen.

Methoden der Konfliktlösung	
Konfrontative Methode	**Kooperative Methode**
Anspruchsorientierung	Zielorientierung
Delegierte Verantwortung	Selbstverantwortung
Fehlerorientierung	Lösungsorientierung
Detailorientierung	Globalisierung
Vergangenheitsorientierung	Zukunftsorientierung
Gewinner – Verlierer	Gewinner – Gewinner

Abb. 1-3: Methoden der Konfliktlösung

Aus dieser Gegenüberstellung ist ablesbar, dass die kooperative Methode einen Ansatz darstellt, der Ergebnisse liefert, deren Tragfähigkeit hoch und nachhaltig ist.

Die Mediation und das Management by Mediation verkörpern diesen kooperativen Ansatz.

2. Exempla und Latona in der Wirtschaftsmediation

Rechtsanwältin Susanne Baumann, die die Latona GmbH vertritt, möchte das Verfahren der Mediation noch genauer kennenlernen und bittet den Kollegen Melzer, ihr nähere Informationen zuzuschicken. Thomas Melzer kontaktiert mehrere Mediationsorganisationen mit der Bitte, seiner Kollegin und ihm themenbezogenes Material zu übermitteln. Aus den zugesandten Broschüren entnehmen beide Seiten wichtige Informationen. Die übersandten Unterlagen beinhalten insbesondere:

- Informationen über die Vorteile und Wirkungsbereiche der Mediation
- eine Skizze mit der Struktur des Mediationsverfahrens
- eine Übersicht mit Beispielfällen
- eine Kurzreferenz zum Aufgabengebiet der Anwälte
- die Verfahrens- sowie die Gebührenordnung der Organisation.

Die Unterlagen werden von den Anwälten überprüft und mit den jeweiligen Geschäftsführern besprochen. Angenehm überascht ist Susanne Baumann von Struktur und Effizienz der Mediation, da sie bisher davon ausgegangen war, dass der Ablauf eher einer lockeren Gesprächsrunde mit psychotherapeutischem Charakter ähnele.

Aus dem Informationsblatt erkennt sie den strukturierten Ablauf der Mediation (Main-Mediation), der sich typischerweise in sechs Phasen gliedert.

- Eröffnung des Verfahrens und Klärung der Rahmenbedingungen
- Darstellung der Standpunkte der Konfliktbeteiligten
- Ergründung der Hintergründe und Interessen
- Erarbeitung von Optionen
- Verhandlung einer Lösung
- Erstellung des Memorandums als Grundlage für einen Vertrag

Zu diesen dedizierten Phasen der Mediation gehört der Rahmen, der die Main-Mediation umschließt. Die zusätzlichen Vor- und Nachbereitungen lauten:

- Pre-Mediation
- Post-Mediation

Vor der Mediation wird eine sogenannte „Pre-Mediation" durchgeführt. In dieser Phase werden alle rechtlichen, wirtschaftlichen und persönlichen Aspekte überprüft, um entscheiden zu können, ob Mediation für das Problem überhaupt das geeignete Verfahren ist. Hierbei sind unter anderem auch die Konsequenzen der jeweils möglichen anderen Verfahren und ihrer etwaigen Ergebnisse abzuwägen. Wenn der Konflikt mediationsgeeignet ist, und alle Beteiligten willens sind, eine Mediation durchzuführen, besteht der nächste Schritt darin, einen geeigneten Mediator auszuwählen. Dieser übernimmt anschließend die Durchführung der Main-Mediation. Bei der extrem hohen Erfolgswahrscheinlichkeit von über 80% wird diese in einer *win-win-solution*, einer Gewinner-Gewinner-Lösung enden. Diese beiderseitige „Gewinnlösung" fixiert der Mediator in einem Memorandum.

Im Rahmen der Post-Mediation wird auf der Grundlage des Memorandums insbesondere bei Konflikten zwischen Unternehmen ein Mediationsabschlussvertrag erstellt, der von allen Beteiligten unterzeichnet wird. Bei der Vereinbarung von Zwischenlösungen können nach einer Testphase die entsprechenden Modifikationen vorgenommen werden. Dies wird insbesondere in den Fällen so gehandhabt, in denen entweder sehr schnell zumindest Teilbereiche geregelt werden müssen oder eine Prüfung der „am grünen Tisch" erdachten Lösung auf ihre langfristige Durchführbarkeit sinnvoll erscheint. Im weiteren Verlauf wird die Umsetzung der Vereinbarung überprüft. Dabei kann festgestellt werden, ob sich ein Langzeiterfolg der Mediation etabliert hat.

Rolf Neufeld beauftragt seinen Anwalt, die Termine für eine erste Mediationssitzung mit der Latona GmbH und einem Mediationsinstitut abzustimmen. Nach einem kurzen Vorgespräch verständigen sich die Anwälte auf einen Wirtschaftsmediationsverband. Dieser sendet anschließend den Anwälten ein Bestätigungsschreiben für den ersten Termin sowie eine Mediationsvereinbarung (vgl. im Anhang „Hinweise und Adressen") zur Überprüfung zu und bittet, ihm die wichtigsten Kriterien für den Mediator oder die Mediation zu benennen. Zusätzlich erhalten die Anwälte die zugrunde liegende Verfahrensordnung (vgl. im Anhang).

Telefonisch sprechen die beiden Anwälte ab, welche Kriterien beide Beteiligte für notwendig erachten und welche zusätzlich erwünscht sind. Diese sind für Rolf Neufeld: Rasches Vorgehen, Kommunikationsfähigkeit, Berufserfahrung in der Wirtschaftsmediation und Branchenkenntnisse. Gerd

Hagemeier favorisiert hingegen folgende Kriterien: Erfahrung in ähnlichen Fällen, Branchenkenntnis und gute Referenzen. Im Anschluss bitten die Anwälte den Wirtschaftsmediationsverband, geeignete Mediatoren vorzuschlagen. Die Organisation wählt daraufhin aus ihrer Datenbank drei Mediatoren aus, die ihr geeignet erscheinen, diesen Fall erfolgreich zu mediieren und schickt deren Profile an die Anwälte.

Aus den übersandten Mediatorenprofilen können die Parteien ersehen, welche Stärken die Mediatoren mitbringen und inwieweit sie die vereinbarten Kriterien erfüllen. In einem Vorgespräch hatten sich die Beteiligten verständigt auf: Große Erfahrung als Mediator, Branchenkenntnis, Kommunikationsfähigkeit und Persönlichkeit. Die Wahl ist anhand der Profile rasch getroffen, und die Anwälte bitten den Verband, ein Gespräch zwischen ihnen und der Mediatorin Bettina Reichert zu vereinbaren.

Vorgespräch der Anwälte mit der Mediatorin

Die Mediatorin Bettina Reichert begrüßt die Anwälte Susanne Baumann und Thomas Melzer freundlich in ihrem Büro. Sie schlägt vor, die den Anwälten wesentlich erscheinenden Fragen und die Spezifika der Mediation zu besprechen und das erste Gespräch mit ihren Klienten gemeinsam vorzubereiten. Die Mediatorin betont, dass es bei diesem Gespräch noch nicht um eine Darlegung des Sachverhalts geht, sondern um die Klärung, auf welche Weise sie mit den Anwälten am besten zur Findung einer guten Lösung für ihre Mandanten zusammenwirken könne. Die Anwälte erklären sich mit der geplanten Vorgehensweise einverstanden.

Ihnen wird deutlich, dass sie ihre traditionelle Anwaltsrolle nicht aufgeben, sondern weiterhin dem Mandanten zur Seite stehen. In Ergänzung ihrer bisherigen Arbeit wird ihre Rolle nun von folgenden Punkten der Struktur des Mediationsverfahrens ausgehend definiert:

- Im Rahmen der Pre-Mediation beraten sie ihre Mandanten wie bisher; gleichzeitig bereiten sie sie auf das Mediationsverfahren vor.
- In der Main Mediation begleiten sie ihre Mandanten wie bei Vertragsverhandlungen, stehen für rechtliche Fragen zur Verfügung und nehmen aktiv am Finden und Gestalten der Lösung teil. Abweichend von der Gerichtsverhandlung sprechen sie nicht anstelle ihrer Mandanten. Die Mandanten stehen im Vordergrund und tragen ihre

wirtschaftlichen und persönlichen Interessen selbst vor, ähnlich einer Geschäftsverhandlung.
- In der Post-Mediation besteht ihre Aufgabe darin, das Memorandum, das die Lösung schriftlich fixiert, in einen juristisch korrekten und vollstreckbaren Vertrag umzusetzen.

Die Anwälte ersehen daraus, dass die klassischen Anwaltsaufgaben nicht verdrängt, sondern um eine dynamische Komponente erweitert werden. Durch die Delegation der Verfahrensleitung an die Mediatorin wird es den Mandanten möglich, sich voll auf die Inhalte zu konzentrieren. Die Anwälte profitieren von der Arbeitsteilung und können ihren Mandanten produktiv zur Seite stehen.

Bettina Reichert schlägt den beiden Anwälten vor, ein Pre-Mediation-Paper zu fertigen. Es ginge hierbei nicht darum, eine Kurzfassung des bisherigen Gerichtsprozesses oder – wie sonst in den Schriftsätzen – die eigene Position zu zementieren. Vielmehr sollen die Konfliktbeteiligten im Pre-Mediation-Paper auf etwa einer DIN A4 Seite kurz erläutern, worin der Konflikt ihrer Ansicht nach in rechtlicher, wirtschaftlicher und persönlicher Hinsicht besteht. Sie als Mediatorin würde aus dem Pre-Mediation-Paper nicht nur einen Einblick in Entstehen und Entwicklung des Konflikts, sondern auch in die für die Beteiligten wichtigsten Aspekte gewinnen. Die vertrauliche Behandlung des Inhalts des Pre-Mediation-Papers sei dabei selbstverständlich. Dies bedeute, dass die Papiere nicht wie Schriftsätze an die Gegnerseite übermittelt werden, sondern ausschließlich ihr als Mediatorin zum Einstieg in den Fall dienen. Gleichzeitig würde es den Beteiligten helfen, ihren Fokus schon hier zu erweitern und auch jene Aspekte mit einzubeziehen, die in einem juristischen Prozess außer Betracht bleiben würden.

Des weiteren bespricht die Mediatorin noch die Fragen, die sich für Susanne Baumann und Thomas Melzer aus der vorab übersandten Verfahrensordnung ergeben haben. Abermals sind die Anwälte angenehm erstaunt über die Struktur und Klarheit der Mediation. Die Verfahrensordnung regelt alle wesentlichen Punkte. Ihre Gültigkeit wird durch die Mediationsvereinbarung (vgl. im Anhang „Hinweise und Adressen") festgelegt. Vor der ersten Sitzung soll dieser unterschrieben an die Mediatorin übersandt werden. Zum Abschluss der Besprechung werden noch Terminoptionen für die erste Mediationssitzung notiert.

Erste Mediationssitzung

In dem hellen und freundlichen Büro von Bettina Reichert fühlt sich Rolf Neufeld sofort wohl. Auch die anderen scheinen die positive Atmosphäre zu genießen. Nach allseitigem Händeschütteln bietet die Mediatorin die Plätze an einem großen runden Tisch an und beginnt mir den Worten: „Ich freue mich, dass Sie heute morgen alle hierher gekommen sind. Ich weiß die Anwesenheit der Anwälte besonders zu schätzen. Wir hatten ja bereits Gelegenheit, uns kennen zu lernen. Mein Ziel ist es heute, mit Ihnen darüber zu sprechen, wie die Mediation ablaufen kann und welche Rolle einem jeden von uns dabei zukommt. Ich gehe davon aus, dass Sie beide durch Ihr Kommen signalisieren, dass Sie an einer Lösung des Konflikts interessiert sind. Sie haben mir dankenswerterweise die unterschriebene Mediationsvereinbarung übersandt, und ich nehme an, dass Sie Ihre Mandanten bereits über unser Treffen und die Inhalte unterrichtet haben. Haben Sie, Herr Neufeld und Herr Hagemeier an dieser Stelle Fragen an mich?"

Nachdem beide Geschäftsführer keine Fragen haben, fährt die Mediatorin fort: „Lassen Sie mich Ihnen mehr über die Methode der Mediation erzählen. Das Ziel ist es, gemeinsam zu einer Entscheidung zu gelangen, die Ihren beiderseitigen Vorstellungen und wirtschaftlichen Bedürfnissen optimal entgegen kommt. Dazu müssen wir herausfinden, was Ihnen wichtig ist. Es existieren offensichtlich Spannungen und Differenzen zwischen Ihnen. Aber ich bin zuversichtlich, dass wir diese gemeinsam abbauen können und Lösungen finden werden, die alle Interessen berücksichtigen. Es könnte im weiteren Verlauf sinnvoll sein, dass ich jeweils mit einer Seite – also jeweils Mandant und Anwalt zusammen – in einer sogenannten Einzelsitzung zusammentreffe. Dies ist eine Option, die wir nutzen können, nicht müssen." Nach einem gewechselten Blick zwischen Mandant und Anwalt nicken die Beteiligten.

„Ich möchte, dass Sie verstehen, dass es im Rahmen der Mediation üblich ist, dass die Beteiligten oft Dinge sagen, die der jeweils Andere eben genau anders sieht." Bettina Reichert zeichnet den Perspektiven-Kompass auf ein Flipchart und erläutert ihn. Rolf Neufeld und Gerd Hagemeier blicken sich verständnisinnig an. Die Anwälte nicken lächelnd, da die Selbstverständlichkeit und Klarheit, mit der die Mediatorin vorgeht, sie beeindruckt und ihnen beweist, das richtige Verfahren empfohlen zu haben. „Es ist ein erfolgversprechender Weg, wenn man sich zusammensetzt, um über seine Differenzen zu sprechen. Dafür wäre es sinnvoll, ein paar Spielregeln miteinander zu vereinbaren. Wären Sie damit einverstanden?"

Allen Beteiligten ist bewusst, dass eingangs vereinbarte Spielregeln die Verhandlungen erleichtern, und so stimmen sie zu.

„Fein," so Bettina Reichert weiter. „Aus meiner Erfahrung ist es zielführend, wenn sich alle zu Ende reden lassen, was mitunter gar nicht so einfach ist, wie es zunächst klingt. Sie haben naturgemäß unterschiedliche Auffassungen. Ich würde Sie gerne zum Zwecke der Gesprächsleitung unterbrechen dürfen, damit wir immer am Thema bleiben."

Da wiederum Zustimmung in der Runde herrscht, bedankt sich die Mediatorin mit einem Lächeln: „Ich kann mir vorstellen, dass manche Gespräche sehr zäh verlaufen werden und dass manche Dinge gesagt werden, die Ihnen wichtig oder schwierig erscheinen. Wenn Sie sich mit Ihren Anwälten beraten wollen oder eine Pause benötigen, können wir jederzeit unterbrechen. Das gleiche gilt natürlich auch für Ihre Anwälte."

Die Mediatorin schaut zu Gerd Hagemeier und Susanne Baumann und dann wieder zurück zu Rolf Neufeld und Thomas Melzer. „So haben Sie den Schutz durch Ihre Anwälte, können und sollen jedoch gleichzeitig aktiv an den Diskussionen teilnehmen." Susanne Baumann und Thomas Melzer wechseln Blicke mit ihren Mandanten und stimmen zu.

Bettina Reichert setzt fort: „Gut. In einem Gerichtsprozess wird in der Regel versucht, die andere Seite unter Druck zu setzen. Mein Ziel ist es hier, einen Rahmen zu schaffen, damit wir in einer möglichst offenen Atmosphäre reden können. Gegen Ende der Mediation werden wir die Hilfe der Anwälte besonders benötigen, damit sie mit Ihnen die Option, die wir dann gefunden haben werden, abwägen, und Sie eine gute Entscheidung treffen können. Meine Rolle ist dabei, das Verfahren zu leiten, ähnlich wie eine Moderatorin, Sie sind in erster Linie diejenigen, die sich miteinander austauschen und die Einzigen, die die Entscheidung treffen, Ihre Anwälte beraten Sie dabei. Wie ich schon Ihren Anwälten mitteilte, ist die Tür immer offen. Niemand muss länger hier bleiben, als er es selbst für sinnvoll erachtet, und die Möglichkeit des Gerichtsverfahrens fortzusetzen, bleibt Ihnen in jedem Fall.

Ich würde gerne eine Trennung vorschlagen, zwischen den Dokumenten, die hier eingebracht wurden und solchen, die bereits im Gerichtsverfahren vorgelegt wurden. Ich möchte, dass Ihnen alles zur Verfügung steht, was rechtlich von Bedeutung ist. Und ich denke auch, dass Sie beide sicher sein sollten, dass auch die andere Seite über diese Informationen verfügt. Warum? Weil Sie nur dann die Chancen und Risiken eines Prozesses richtig abwägen können, wenn Sie alle Informationen berücksichtigen. Ihnen ist sicher auch an Umständen gelegen, die zwar rechtlich irrelevant, für Sie aber von persönlicher oder wirtschaftlicher Bedeutung sind. Es könnte sein, dass Sie Bedenken haben, zu viel preiszugeben. Es ist aber für eine gute Lösung, mit der Sie beide zufrieden sind, ein ebensolches Risiko, zu wenig zu wissen.

Wir haben eine Spannung zwischen dem notwendigen Schutz und der notwendigen Offenheit. Sie müssen selbst entscheiden, wo Sie für sich die Grenze zwischen diesen beiden Punkten ziehen.

Ich will sichergehen, dass Sie bei dieser Entscheidung wissen, dass das Risiko einer Diskussion, die nicht offen geführt wird, oft unterschätzt wird. Viele denken, am sichersten ist es, wenn man sich selbst so weit wie möglich schützt. Und in einem Gerichtsprozess mag das auch tatsächlich richtig sein. Je weniger Sie sagen, desto besser für Sie. Hier läuft das genau umgekehrt. Je mehr bekannt ist, desto einfacher wird es, die grundlegenden Probleme zu erkennen und so zu einer Lösung zu kommen. Entscheiden Sie sich also dafür, möglichst wenig preiszugeben, könnten uns am Ende Informationen fehlen, die uns zu einer sinnvollen Lösung führen würden. Zudem würde der Andere Ihre Zurückhaltung zum Anlass nehmen, um selbst verschlossen zu sein. Das brächte uns nicht voran.

Gibt es noch etwas zur Art und Weise unserer Zusammenarbeit zu sagen? Irgendetwas, was Sie für hilfreich erachten, über meine Rolle, oder was Sie von der anderen Seite erwarten?"

Gerd Hagemeier: „Wir haben im Prozess schon viel Zeit verloren und ich würde gerne rasch zu einem Ergebnis gelangen. Dazu brauche ich einen Überblick über den Ablauf. Ich will jederzeit wissen, wo wir gerade sind, was wir bereits getan haben und was noch zu tun ist."

Die Mediatorin Bettina Reichert: „Gerne, ich werde Ihnen erklären, wie wir vorgehen werden. Zu Beginn hätte ich gerne, dass Sie Ihre Sicht der Dinge erläutern und aufzeigen, was Ihnen besonders wichtig ist. Ich würde anschließend den Anwälten die Möglichkeit geben wollen, ihre Ansichten über den Verlauf des Gerichtsprozesses darzustellen und so zu zeigen, mit welchem Ausgang sie rechnen. Wir werden erkennen, welche alternativ fortsetzbaren Übereinstimmungen oder Divergenzen es gibt. Damit klären wir die juristische Seite. Anschließend werden wir den Dingen im Detail auf den Grund gehen und dann gemeinsam mögliche Lösungen aufzeigen. Aus den einzelnen Bausteinen machen wir dann ein Paket, das für Sie beide optimal ist."

Alle Beteiligten erklären sich mit der Vorgehensweise einverstanden. „Bevor wir damit beginnen, würde ich Ihnen gerne noch eine Frage stellen. Woran würden Sie merken", fragt die Mediatorin die beiden Geschäftsführer, „dass die Lösung eine gute und für Sie zufriedenstellende ist."

Nach kurzem Nachdenken erwidert Gerd Hagemeier: „Naja, wir würden gut zusammenarbeiten wie eh und je – *kurze Pause* – vielleicht sogar besser als vorher."

Rolf Neufeld greift diesen Gedanken auf: „Ja, das Geschäft sollte sogar noch mehr florieren, und wir hätten damit Gelegenheit, weitere innovative Produkte auf den Markt zu bringen, an denen wir bereits arbeiten."

Die Mediatorin wendet diese systemisch-lösungsorientierte Fragetechnik an, um den Blick der Beteiligten von der Vergangenheit in die Zukunft zu richten und fasst zusammen: „Eine Lösung, mit der Sie beide zufrieden wären, würde es Ihnen ermöglichen, sogar noch besser als bisher zusammenzuarbeiten, und Sie könnten sich mit innovativen Projekten beschäftigen. Dann könnten wir uns jetzt die Situation ansehen, deretwegen Sie hier sind. Ich bitte nun zunächst die Geschäftsführer, die Angelegenheit kurz darzustellen."

Sie bittet nun Herrn Hagemeier zu Wort. Dieser erklärt, dass er sehr verwundert gewesen sei, nach so vielen Jahren der guten Zusammenarbeit mit der Exempla GmbH, dass diese mangelhafte Ware liefere, unzuverlässig sei und für ihre Fehler nicht einmal aufkommen wolle. Wie stehe er jetzt seinen Endkunden gegenüber da? In seiner Branche sei er darauf angewiesen, sich absolut auf seine Zulieferer verlassen zu können, da es nicht nur um das Produkt, sondern auch um ihn als vertrauenswürdigen Geschäftspartner gegenüber seinen Kunden ginge, und gerade in der heutigen Zeit schon aus geringerem Anlass Geschäftsverbindungen gewechselt werden würden.

Rolf Neufeld fühlt sich angegriffen. Er hätte erwartet, dass sich Gerd Hagemeier in einem persönlichen Gespräch mit ihm über eventuelle Vorkommnisse ausgetauscht hätte, bevor er eine Klage einreicht. Er hat immer zuverlässig geliefert, selbst bei sehr kurzfristigen Terminanfragen die Zusagen der Latona GmbH an ihre Endkunden verwirklicht. Selbstverständlich würde er für Fehler einstehen, wenn welche gemacht worden wären, aber er ließe sich nicht für Versäumnisse der Latona GmbH zum Sündenbock machen. Die Art und Weise sei zudem nicht eine solche, wie man sie zwischen langjährigen guten Geschäftspartnern erwarten könne.

Bettina Reichert fasst zusammen: „Wie ich Sie richtig verstanden habe, hatten Sie beide eine florierende Geschäftsbeziehung, bei der sich jeder auf den anderen verlassen konnte. Zuverlässigkeit und Vertrauenswürdigkeit sind für Sie beide wichtige Eckpfeiler einer Geschäftspartnerschaft. Sie sind beide an einer Klärung der Angelegenheit interessiert, um eine zukünftige Zusammenarbeit möglich zu machen. Dafür ist Voraussetzung, dass ein eingetretener Schaden angemessen kompensiert wird und eruiert wird, wie es dazu kam, um einen ähnlichen Fall in Zukunft zu vermeiden."

Nachdem beide beteiligten Geschäftsführer dieser Zusammenfassung zustimmen, bittet Fr. Reichert die Anwälte die juristischen Bezüge darzustellen:

Rechtsanwalt Melzer gibt seiner Kollegin Baumann den Vortritt. Diese führt aus, dass das Zusammenspiel zwischen Produkten von hochwertiger qualitativer Leistung eine wesentliche Grundlage in der Automobilbranche sei. Die Zulieferbetriebe müssen daher eine ISO-Zertifizierung aufweisen. In Vereinbarungen zwischen der Latona und der Exempla wurden darüber hinaus noch engere Toleranzen festgelegt.

Bei den letzten beiden Großlieferungen von Fahrzeugsitzen sei die Fehlerquote jedoch weit über den festgelegten Grenzen gelegen. Die eine Lieferung sei als Schlechtlieferung zu qualifizieren, da hier die Stoffe bedingt durch UV-Strahlung ausgeblichen seien, und die andere Lieferung sei entgegen der ausdrücklichen Vereinbarung nicht zu den zugesagten Terminen zur Verfügung gestanden. Bei ersterer sei eine Nachbesserung erst nach mehrmaliger Aufforderung erfolgt, bei zweiterer verursache die damit verbundene weitere Terminverschiebung zusätzlichen Schaden. Bei der Schlechtleistung käme die Problematik hinzu, dass die Fahrzeuge zurückgeordert werden müssen, die neuen Sitze an die Vertragswerkstätten geliefert und dann die Sitze getauscht werden müssen. In letzterem Fall sei auch der damit verbundene Imageschaden finanziell zu kompensieren. Die Lieferung sowie der Austausch der Sitze (260 Vordersitze und 130 Rückbänke) sei mit insgesamt 110.000 Euro zu beziffern. Hinzu kommt der Imageschaden, der in die Millionen gehen würde. Für die zu spät fertig gestellten Fahrzeuge mussten laut Vertragsbedingungen Ersatzfahrzeuge angemietet werden. Die Aufwendungen für die angemieteten Fahrzeuge belaufen sich auf insgesamt 67.000 Euro. Damit wäre neben der Kompensation für den Imageschaden ein nachweisbarer Schaden in Höhe von 177.000 Euro zu ersetzen.

Thomas Melzer hat während des Vortrags seiner Kollegin die Arme verschränkt gehalten und den Kopf geschüttelt. Nachdem die Mediatorin Rechtsanwältin Baumann für ihre Ausführungen bedankt hat, wendet sie sich Thomas Melzer zu und bittet ihn um seine Sicht der Dinge.

Dieser kontert, dass zunächst ein Imageschaden nicht beziffert werden könne und ferner bisher noch nicht nachgewiesen wurde, wieviele Sitze tatsächlich als mangelbehaftet einzustufen seien. Ein Rückschluss von eventuell wenigen ausgeblichenen Sitzen könne nicht getroffen werden; ein Beweissicherungsverfahren wurde zudem nicht durchgeführt. Demzufolge bestünde, wenn überhaupt, nur Anspruch auf Ausgleich für tatsächlich mangelhafte, ausgeblichene Sitze. Hinsichtlich der Terminverschiebungen sei zu sagen, dass von den in Rede stehenden drei Terminen lediglich einer dezidiert schriftlich fixiert war, und zu diesem Termin 70% der angefragten Sitze geliefert wurden. Hier sei die Beweislage für die Latona GmbH mehr als kritisch. Nach seiner Ansicht könne eine Forderung nur in Höhe von 28.000 Euro bestehen, dies würde er jedoch ohne Anerkennung einer Rechtspflicht sagen. Frau Reichert bedankt sich auch bei Herrn Melzer.

Dann fährt die Mediatorin fort: „Um alle Punkte abzudecken, die für die Lösung von Bedeutung sind, möchte ich zunächst mit Ihnen die Themen sammeln, über die wir reden sollten. Diese möchte ich auf einem Flipchart festhalten, damit wir uns alle fortwährend an ihnen orientieren können. Ich werde das als Mindmap gestalten, damit wir jederzeit eventuelle neue Punkte darin integrieren können."

Nachdem die Punkte notiert sind, bedankt sich Bettina Reichert bei allen Beteiligten für ihr Engagement und vereinbart mit ihnen den nächsten Sitzungstermin.

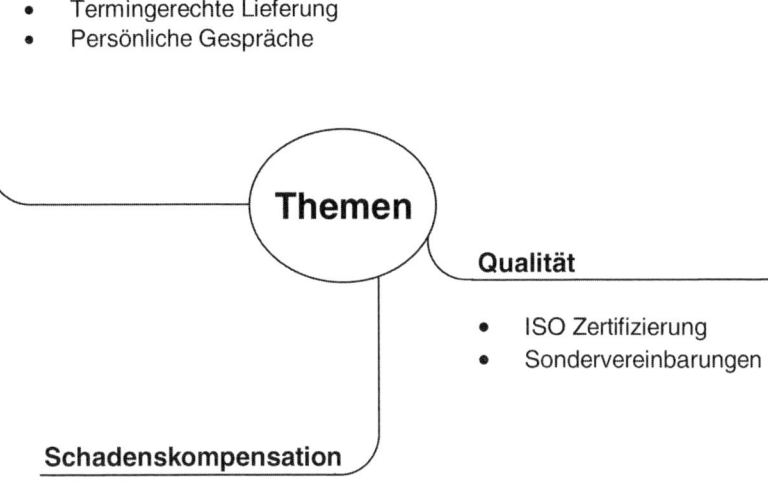

Abb. 1-4: Mind Map aus der ersten Mediationssitzung

Zweite Mediationssitzung

Ein paar Tage später treffen sich alle Beteiligten wieder im Büro der Mediatorin Reichert. Nach der Begrüßung lautet die erste Frage der Mediatorin, ob sich in der Zwischenzeit etwas ereignet hätte, was für die Fortführung der Mediation wichtig zu wissen wäre.

Rolf Neufeld berichtet, dass für die Nachlieferung zwischenzeitlich 40% der Sitze gefertigt wurden und er gewillt sei, den Rest ebenfalls schnellstmöglich zu produzieren. Um aus dem Imageschaden einen Marktvorteil, ein Add-On für die Kunden zu machen, könne man diesen jeweils 3 Gutscheine für eine Spezialreinigung der Sitze anbieten. Er habe eine befreundete Firma, die auf Fahrzeuginnenreinigung spezialisiert sei, und so könne man aus diesem scheinbaren Nachteil einen Vorteil ableiten.

Bettina Reichert bedankt sich für diese Option, die sie für die spätere Phase vormerkt. Im Augenblick würde sie gerne noch bei den Themen bleiben, falls nicht Gerd Hagemeier irgendetwas hätte, was sich zwischenzeitlich ereignet hat und er hier einbringen möchte. Dieser ist erfreut, dass die Sitze schnell produziert werden können, da er den Vorfall rasch aus der Welt schaffen möchte.

Die Mediatorin unterstreicht erneut das wechselseitige Bemühen der Medianten, möglichst bald zu einer guten Lösung zu kommen. Sie würde daran erkennen, wie sehr sich die beiden Geschäftsführer doch auch persönlich wertschätzen. Als aufmerksame Beobachterin nimmt sie das fast unmerkliche zustimmende Nicken beider Herren wahr. „Na klar," sagt Neufeld. „Ich stehe für die Fehler meiner Leute gerade, aber dann müssen es auch Fehler meiner Leute gewesen sein."

Die Mediatorin nimmt diesen Einwurf auf: „Das heißt, Herr Neufeld, für Sie gehört zu einem seriösen Geschäftsmann nicht nur die qualitative und termingerechte Lieferung der Ware, sondern auch, den Mut und das Rückgrat zu besitzen, zu gemachten Fehlern zu stehen. Und somit ist es eine Frage der Ehre, diesen Schaden zu kompensieren."

„So ist es", bestätigt Rolf Neufeld. Dann schaltet sich Gerd Hagemeier ein: „Ich will ja schließlich nicht etwas, was meiner Firma nicht zusteht, aber hier haben wir mit den Kunden ganz schön Trouble gehabt. Da sind einerseits Personalkosten, die nicht hätten sein müssen, andererseits ein Verlust unseres Standings im Markt. Ich verlange nicht nur Zuverlässigkeit und Termintreue, ich fühle mich auch selber an diese Maßstäbe gebunden. Dies konnte ich meinen Kunden gegenüber nicht einhalten, und damit wird auch an meiner Ehre gekratzt."

„In Ordnung," stellt Bettina Reichert fest. „Für Sie beide ist Ihr Standing als seriöser Geschäftsmann durch die Vorfälle betroffen und als Ehrenmänner wollen Sie das auf angemessene Weise aus der Welt schaffen."

Erläuterung:
Nach der umfassenden Themensammlung, die in der ersten Sitzung stattgefunden hat, ist der wesentliche nächste Schritt die Abklärung der hinter den Positionen stehenden Interessen. Die Struktur der Mediation ist insofern identisch mit dem Harvard-Verhandlungskonzept. Dessen wesentliche Grundlage bildet die Erforschung der Interessen, erst diese bieten die Chance, vielfältige Optionen zu generieren. Zwar ist es grund-

sätzlich möglich, unter Vernachlässigung der Interessenerforschung zu sachlich akzeptablen Lösungen zu gelangen, allerdings schafft dies eine umfassende Befriedigung der Konfliktparteien, da es an gegenseitigem Verständnis, Transparenz und der darauf basierenden gemeinsamen Suche nach einer Lösung fehlt. Aus diesem Grund wird die Mediatorin in dieser Phase intensiv an der Erforschung der Interessen arbeiten.

Neben der Frage der Ehre nach außen ergeben sich noch die Interessen, in den Augen des jeweils Anderen bestehen zu können sowie ein gutes Geschäftsklima zu pflegen. Durch die Art und Weise der Fragestellung können und sollen die Parteien ihre eigenen Werte erkennen, durch die ihr Verhalten bestimmt ist. Oft stellt sich dabei heraus, dass die Wertevorstellungen der Parteien ähnlich bzw. manchmal sogar identisch sind. Auf dieser Ebene können sie sich demnach begegnen. Gleichzeitig wird dadurch der Perspektivenwechsel vollzogen.

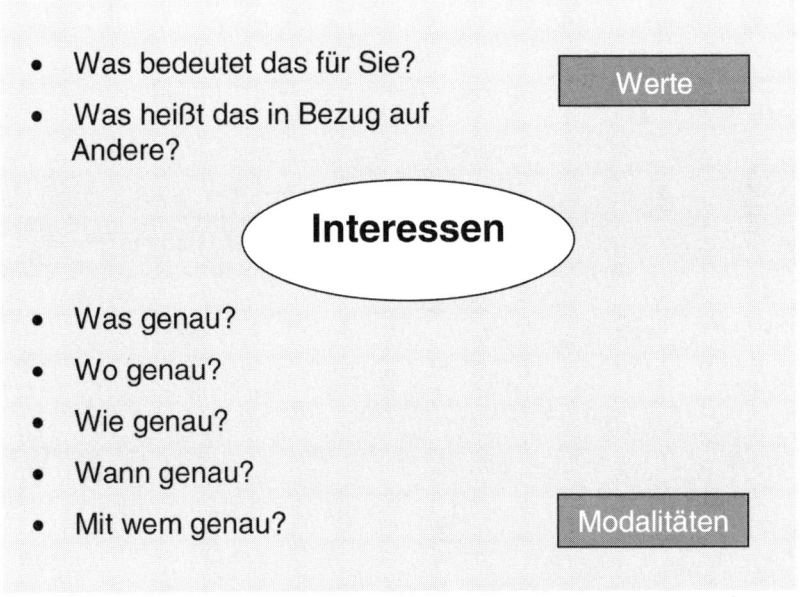

Abb. 1-5: Erforschung der Interessen

Die Modalitäten meinen die Umstände, die für alle sichtbar und spürbar sind. Hierunter fallen auch die Verhaltensmuster von Menschen. Überprüfbar ist beispielsweise, ob jemand um 15:00 Uhr zur Besprechung erschienen ist oder erst um 15:15 Uhr. Der Grund, warum jemand 15 Minuten später kommt, hat mit seinen Werten zu tun. Wie wichtig ist Pünktlichkeit überhaupt für diese Person, die später kommt? Welche Wertigkeit hat die Besprechung oder die Person, mit der die Besprechung stattfinden soll? Welche anderen wichtigen Dinge stehen auf der Agenda, die die Verspätung eventuell verursacht haben?

In der Auswirkung wird es darauf ankommen, wie die Person, die um 15:00 Uhr anwesend war und 15 Minuten gewartet hat, die Verspätung und die gegebenenfalls gegebene Begründung einstuft. Empfindet sie Unpünktlichkeit als mangelnden Respekt (auf ihrer eigenen Werteskala) oder ist sie vielleicht selbst eher verspätet und nur ausnahmsweise pünktlich.

Je unterschiedlicher die Werte sind, desto schneller wird eine Kleinigkeit zum Problem und ein Problem zu einem Konflikt.

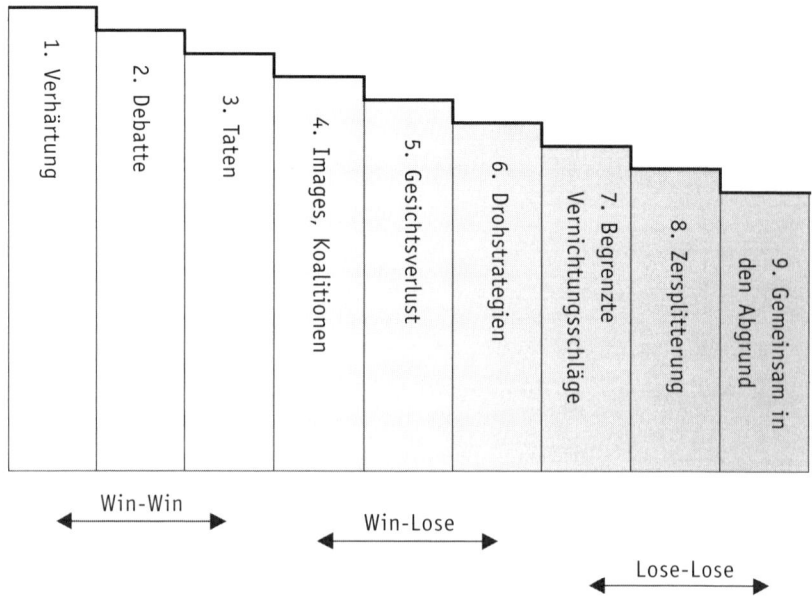

Abb. 1-6: Eskalationsstufen eines Konflikts (nach Glasl)

Abhängig von der Eskalationsstufe des Konflikts unterliegen die Parteien zunehmend der Problemfokussierung. Dies bedeutet, dass sie ihr Gegenüber als den Bösen, den Feind einstufen und sich gegen alle seine Beiträge sperren, selbst wenn sie vernünftig oder positiv wären. Durch ihre alleinige Fokussierung auf das Problem sind sie nicht mehr offen für lösungsgerichtete Beiträge des Anderen. Mit fortschreitender Eskalation tritt der Aspekt der Problemlösung in den Hintergrund und wird durch eine Konzentration auf den „Kampf" gegen den Anderen ersetzt.

Um aus dieser Spirale auszubrechen, ist ein Perspektivenwechsel erforderlich (siehe „Perspektivenkompass"). Erst dieser Schritt ermöglicht es den Medianten, ihren Fokus aufzuziehen und offen zu werden für mögliche Optionen und Lösungsvorschläge.

Bettina Reichert: „Herr Hagemeier, Sie sagten, Sie legen Wert auf Strukturen, wie auch auf Schnelligkeit. Also eine Grundlage für Zuverlässigkeit, die Ihnen sehr wichtig ist – gerade auch im Verhältnis zu Ihren Kunden. Sie möchten ein vertrauenswürdiger Geschäftspartner sein – eine Eigenschaft, die auch mit der Persönlichkeit zusammenhängt – und wünschen sich diese Vertrauenswürdigkeit und diese Verlässlichkeit ebenfalls von Ihrem Gegenüber. Eine Art der Geschäftsbeziehung auf hohem Niveau, die über das vertraglich Regelbare hinausgeht. Ist das so?"

Gerd Hagemeier merkt, dass die Mediatorin den Kern getroffen hat und nickt erst langsam und nachdenklich, dann aus voller Überzeugung. Er ist überrascht, dass er nicht selbst die Dinge so klar formulieren konnte.

Die Mediatorin wendet sich an Rolf Neufeld: „Von Ihnen, Herr Neufeld, habe ich verstanden, dass Ihnen Zuverlässigkeit ebenfalls extrem wichtig ist. Ihr Fokus lag immer darauf, auch bei kurzfristigen Anfragen das Unmögliche möglich zu machen. Das ist ein Teil dessen, was für Sie eine Geschäftsbeziehung auf hohem Niveau ausmacht. Sehe ich das richtig?" Auch Rolf Neufeld nickt und bekräftigt diese Zustimmung mit „Ja, genau. Ich will ein echter Partner sein, auf den man zählen kann."

Die Mediatorin weiter: „Und genau deshalb wünschen Sie sich ein persönliches Gespräch, wenn es Schwierigkeiten gibt, damit Sie diese schnellstmöglich ausräumen können." Während Rolf Neufeld wieder zustimmend nickt, wendet sich Bettina Reichert erneut Gerd Hagemeier zu: „Und auch für Sie ist es wichtig – um das hohe Niveau zu halten – Probleme rasch zu erkennen, um angemessen handeln zu können." Gerd Hagemeier stimmt ebenfalls zu.

Die Mediatorin: „Sie sind beide Männer der Tat, mit viel Erfahrung in Ihrem Business. Sie haben sich beide Ihren Ruf hart erarbeitet und durch Verlässlichkeit und Agieren auf hohem Niveau verdient. Für Sie ist es – neben der Frage des Geldes – auch eine Frage der Ehre, zu Fehlern zu stehen. Als seriöse Geschäftsmänner wollen Sie es aber damit nicht bewenden lassen, sondern Lösungen finden, die auch Ihrer beider Anspruch von Gerechtigkeit erfülle." Die beiden Herren sehen sich an und – während Bettina Reichert immer wieder lächelnd zu beiden Medianten blickt – erkennen diese langsam, wie ähnlich ihre Vorstellungen sind. Sie gelangen zu der Erkenntnis, dass ja auch sonst eine gute Geschäftsbeziehung gar nicht funktionieren könnte. So klar sei ihnen das noch nie gewesen, reflektieren sie gegenüber der Mediatorin.

Die Interessen sind in der Regel auch bei noch so kontroversen Positionen sehr ähnlich. Durch Erkennen der Ähnlichkeit und dem daraus resultierenden Verständnis ergibt sich eine Brücke, auf der sich die Medianten treffen können, ohne ihr Gesicht zu verlieren. Mit dieser nun neu gefundenen Ausgangsbasis, die den Perspektivenwechsel mit beinhaltet, richtet sich der Fokus neu vom Problem zu Lösung, und es kann zur Phase der Optionen übergegangen werden.

Werden die Interessen – wie immer in konfrontativen Verhandlungen – nicht eruiert, kann Regelung nur ein Kompromiss sein, nie jedoch ein Konsens. Ein Kompromiss zeichnet sich durch gegenseitiges Nachgeben aus, bei dem jede Seite in gewissem Maß unzufrieden zurückbleibt. Beide Konfliktparteien achten mehr darauf, dass sie nicht mehr nachgeben, als die jeweils andere Seite. Dabei wir die eigentliche Lösung aus den Augen verloren. Dies ist oft wieder das „erste Körnchen Sand im Getriebe". Ganz anders bei einem Konsens, mit dem alle vollumfänglich zufrieden sind – hier ist Regelung nachhaltig.

Der klassische Kompromiss liegt bei 50% und ist das berühmte „Treffen in der Mitte". Der Konsens schafft eine 100%ige Zufriedenheit beider Seiten. Beide Punkte sind in der folgenden Grafik eingebettet in einen schraffierten Bereich, da in der Praxis weder die mathematische Genauigkeit von 50% noch jene von 100% getroffen wird. Der schwarze Pfeil symbolisiert, dass man – einen Konsens anstrebend – immer gut zu einem Kompromiss gelangen kann, nicht jedoch umgekehrt.

An dieser Stelle leitet die Mediatorin über in die Phase des Findens der Optionen.

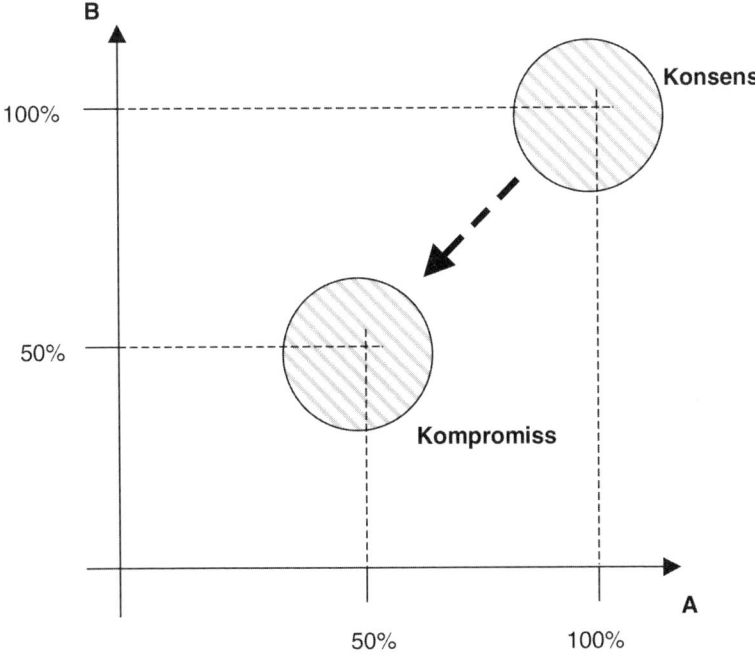

Abb. 1-7: Konsens-Kompromiss-Matrix

Hierbei spricht sie dezidiert die beiden Anwälte Thomas Melzer und Susanne Baumann an: „Im nächsten Verfahrensschritt bitte ich ganz besonders auch um Ihre Mitarbeit. Wir werden zweistufig vorgehen: Zunächst werden wir in einem so genannten Kreativ-Verfahren, das Sie vielleicht kennen, dem Brainstorming, versuchen, eine Fülle an Optionen zu generieren. Anschließend werden wir diese Optionen auf ihre Machbarkeit hin überprüfen. Hierbei wünsche ich mir, dass Sie als Anwälte Ihr juristisches Expertenwisssen einbringen, und Sie beide, Herr Hagemeier und Herr Neufeld, Ihr wirtschaftliches Know-How und Ihre Kenntnis der Branche."

Die Beteiligten sind einverstanden und die Mediatorin fährt fort: „Die Erfahrung hat mir gezeigt, dass es manchmal ganz schwierig ist, phantasievoll in die Zukunft zu visionieren, da man es von seiner sonstigen beruflichen Ausrichtung her gewohnt ist, nur vernünftige und realistische Dinge zu sagen. Andererseits ist es für diejenigen, die gerne kreativ sind, oft heikel, die Visionen an den Gegebenheiten der Realität schrumpfen zu sehen. Ich möchte Sie daher bitten, im ersten Schritt sich jeweils von den Vorschlägen der anderen Seite inspirieren zu lassen; Sie werden im zweiten Schritt ausreichend Gelegenheit dazu haben, die wirtschaftlichen Implikationen zu überprüfen und allen Bedenken Rechnung zu tragen. Im übrigen ist niemand an eine Option, die er eingebracht hat, gebunden – nach dem Motto: 'Erst haben Sie es vorgeschlagen, und jetzt stehen Sie nicht dazu.' Es geht darum, im ersten Schritt Möglichkeiten zu finden, die vielleicht nur Durchgangsstationen auf dem Weg zur eigentlichen Lösung sind."

Nun lenkt die Mediatorin den Blick der Beteiligten auf die Themen auf dem Flipchart: „Drei Themen waren Ihnen ganz besonders wichtig, der Erhalt der Geschäftsbeziehung, die Qualität der Produkte und eine angemessene Schadenskompensation. Letzteres Thema hat zwei Unterpunkte, namentlich die Klärung der Berechnungsgrundlagen und den Imageverlust. Auf welche Weise, außer mit Geld, könnte der eingetretene Schaden wieder gut gemacht werden? Zu diesem Zweck gebe ich Ihnen Moderationskarten und bitte Sie, jeweils eine Idee mit möglichst nur ein, zwei Schlagworten darauf zu notieren. Ich werde die Karten dann an die Pinwand heften. Sobald wir alle Ideen gesammelt haben, können wir die Karten dann clustern, das heißt zusammenfassen und sortieren.

```
        ┌─────────────────────┐
        │      Erhalt der     │
        │  Geschäftsbeziehung │
        └─────────────────────┘

                              ┌─────────────────────┐
                              │     Angemessene     │
                              │ Schadenskompensation│
    ┌──────────────┐          ├─────────────────────┤
    │ Qualität der │        - │     Klärung der     │
    │   Produkte   │          │     Berechnungs-    │
    └──────────────┘          │     grundlagen      │
                            - │    Imageverlust     │
                              └─────────────────────┘
```

Abb 1-8: Wichtige Interessen der Exempla GmbH und Latona GmbH

Einen Vorschlag hatten Sie, Herr Neufeld, an einer früheren Stelle schon gemacht, auf den ich zurückkommen möchte. Sie hatten vorgeschlagen, den Kunden beim Austausch der Sitze jeweils drei Gutscheine für eine Spezialreinigung anzubieten. Welche anderen Möglichkeiten sehen Sie noch?" Gerd Hagemeier schlägt vor, den Austausch zu verbinden mit der Probefahrt der neuen Modelle, und dies könnte man sogar noch toppen, wenn man die Probefahrt mit einem kulinarischen Wochenende kombinieren würde. „Ja," freut sich Rolf Neufeld, „und das ganze könnte man als Werbemaßnahme in die Presse bringen, unter dem Motto 'PS und Kaviar'."

" Ja," visioniert die Anwältin Susanne Baumann weiter. „Damit könnten die beiden sogar in Serie gehen. Das bindet die Kunden, verhindert also einen Markenwechsel und bietet die Gelegenheit, gleich Neubestellungen beim kulinarischen Wochenende aufzunehmen." Rechtsanwalt Thomas Melzer schlägt vor: „Man könnte den Gedanken zur Reinigung auch dergestalt verwirklichen, dass man den Service nicht nur am Flughafen anbietet, sondern auch in der Stadt, bei Geschäftsbesprechungen, nach dem Motto 'Während Sie sich besprechen, wird Ihr Auto blitz-blank'."

Es wird noch eine zeitlang weiter mit dem Brainstorming fortgefahren. Da die Zeit mit der intensiven Arbeit schnell vorangegangen ist, verweist die Mediatorin unter Hinweis auf die volle Pinwand auf den enormen Fortschritt. Sie schlägt vor, die Pinwand mit ihrer Digitalkamera zu fotografieren und das Bild allen Beteiligten zu mailen, damit diese die Optionen bis zum nächsten Mal überdenken können.

Anschließend versichert sie sich, dass alle den richtigen Termin für die nächste Sitzung notiert haben.

Dritte Mediationssitzung und Memorandum

Eine Woche später treffen sich alle Beteiligten mit ihren Anwälten wieder bei Bettina Reichert. Sie bedanken sich für die übersandten Bilder, die ihnen die Gelegenheit gegeben haben, über die mögliche Umsetzung der Optionen nachzudenken.

Erneut stellt die Mediatorin die Frage, ob sich in der Zwischenzeit etwas ereignet habe, was für den Verlauf der Mediation wichtig sein könnte. Rechtsanwalt Thomas Melzer führt aus, dass zwischenzeitlich aufgrund von Sonderschichten eine weitere Nachlieferung stattgefunden habe und somit insgesamt etwa 90% der geforderten Sitzgarnituren geliefert worden seien. Die restlichen 10% würden im Laufe der nächsten Woche geliefert werden. Damit sei aus seiner Sicht das Thema Nachlieferung vom Tisch. Herr Hagemeier entgegnet: „Damit ist zwar die Nachlieferung zahlenmäßig erfüllt, aber der mit dem Lieferverzug einhergehende Imageschaden ist damit noch lange nicht aufgewogen." Seine Anwältin Susanne Baumann unterstreicht: „Selbst, wenn die Sitze geliefert seien, besteht noch lange keine Sicherheit hinsichtlich der Qualität."

„Die Qualität hat bis auf diesen ersten Vorfall immer gestimmt," fällt ihr Rolf Neufeld daraufhin ins Wort.

Nun schaltet sich die Mediatorin in die aufkeimende Diskussion: „Ich sehe, Sie sind wieder mit Engagement bei der Sache. Fakt ist, dass die Nachlieferung mengenmäßig bisher zu 90% erfüllt wurde, und die vollen 100% in der nächsten Woche erreicht werden. Eine Frage ist dabei noch offen, nämlich jene hinsichtlich der Beständigkeit der Qualität. Gibt es eine Möglichkeit, diese zu prüfen?"

„Selbstverständlich", ergreift Rolf Neufeld die Initiative, sein Unternehmen zu präsentieren. „Wir und unser Sitzbezuglieferant lassen in regelmäßigen Abständen Untersuchungen von unabhängigen Instituten durchführen, bei denen in wenigen Wochen ein ganzes Autoleben simuliert wird. Die Auswertungen dieser Tests zeigen hervorragende Ergebnisse und beweisen die Beständigkeit der produzierten Qualität."

„Dies bedeutet", so die Mediatorin, „dass damit die für die Firma Latona GmbH entscheidende Qualität sichergestellt werden kann. In welchem Zusammenhang steht dies mit der ISO-Zertifizierung?"

„Ja, wenn das so einfach ist, dann will ich Einblick in die betreffenden Untersuchungsberichte haben."

„Das ist überhaupt kein Problem, lasse ich Ihnen sofort zukommen", entgegnet Rolf Neufeld. Bettina Reichert fragt diesbezüglich noch einmal nach, ob es sinnvoll sei, diese Art Berichte regelmäßig vorzulegen. Susanne Baumann begrüßt das sehr, Thomas Melzer wirft ein, dass dies für die Latona GmbH einen gewissen Mehraufwand bedeute und bereits durch die ISO-Zertifizierung abgedeckt sei. Selbstverständlich lägen die Dokumente zur jederzeitigen Einsichtnahme bereit.

Während die Mediatorin aufsteht und zum Flipchart geht, erläutert sie, dass sie nun die Regelungspunkte aufnehmen will, die später in einem Memorandum zusammengefasst werden sollen. Sie wendet sich den

Vom Gerichtsverfahren zur Mediation

Anwälten zu: „Auf der Grundlage des Memorandums würde ich Sie beide, Frau Baumann und Herr Melzer, dann bitten, einen juristisch fundierten Vertrag zu gestalten." Am Flipchart skizziert Bettina Reichert folgende Übersicht:

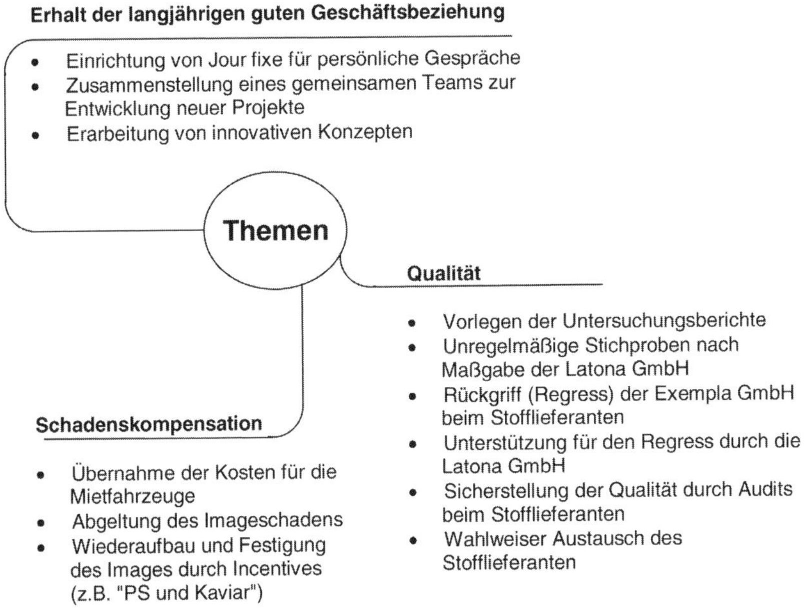

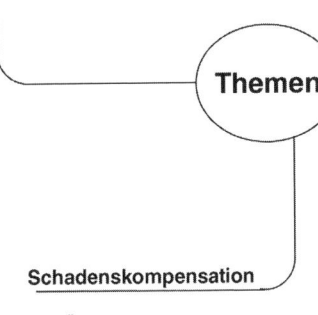

Abb. 1-9: Mind Map als Ergebnis der Mediationssitzung

Diese Optionen, die im kreativen Prozess des Brainstorming gesammelt wurden, sollen nun überprüft werden. Die Mediatorin erläutert dazu das SMART-Raster:

    Specific   Spezifisch
    Measurable   Messbar
    Achievable   Ausführbar
    Realistic   Realistisch
    Timeable   Termingerecht

Abb. 1-10: SMART-Raster

Bettina Reichert fragt, wie das Vorlegen der Untersuchungsberichte vonstatten gehen soll, damit es genau spezifiziert ist. Dazu gehört, zu wissen, von wem welche Untersuchungsberichte in welcher Form wem vorzulegen sind.

Rolf Neufeld darauf: „Untersuchungsberichte erhalten wir üblicherweise nicht, nur eine Konformitätserklärung, dass die gelieferten Stoffe der Spezifikation entsprechen. Diese können wir selbstverständlich unverzüglich an die Exempla GmbH weiterleiten."

„Diese sind leider von nicht allzu großem Nutzen," kontert Gerd Hagemeier. „Sie bestätigen nur, beweisen jedoch nichts."

„Aufgrund dieses Vorfalls werden wir mit unserem Zulieferer vereinbaren, uns künftig zu jeder Stofflieferung die entsprechenden Untersuchungsberichte mit zu senden", erklärt Rolf Neufeld.

„Das werden wir in der anstehenden Besprechung mit unserem Unterlieferanten klären. Hierauf hat die Exempla GmbH nämlich laut Vertrag einen Anspruch", ergänzt Rechtsanwalt Thomas Melzer.

Die Mediatorin fasst zusammen:

„Wenn der bisherige Stofflieferant künftig Untersuchungsberichte seinen Lieferungen beilegt, werden diese unverzüglich weitergegeben. Übertragen auf das SMART-Raster heißt dies, dass die Berichte spezifiziert sind, in ihrer Anzahl messbar sind und innerhalb Ihres Einflussbereichs steuerbar sind. Somit wären drei der fünf Kriterien abgedeckt. Für die nächsten beiden muss abgeschätzt werden, wie realistisch die Option für die Zielerreichung ist und wie die terminliche Gestaltung aussieht."

„Nachdem diese Berichte zusammen mit den Lieferpapieren in unseren Wareneingang gelangen, können sie gleich einer Kontrolle durch unsere Qualitätssicherung unterzogen werden. Dadurch lassen sich sofort Schlechtlieferungen aufspüren," so Rolf Neufeld. „Und dies würde die fristgerechte Lieferung der Sitze nicht beeinflussen, selbst wenn ein Fehler aufgespürt wird. Wir könnten umgehend reagieren und entsprechend nachsteuern. Der Vorteil ist klar, dass die Qualität im Vorfeld bereits bekannt ist und sich nicht im Laufe des Autolebens offenbart."

„Prima, wenn wir jetzt noch auf den Schaden eingehen können...", freut sich Gerd Hagemeier.

„Lassen Sie uns einen Moment noch bei der Option der Übergabe der Untersuchungsberichte bleiben", unterbricht die Mediatorin. „Wir werden selbstverständlich noch zur Regelung des Imageschadens kommen.

Ich würde gerne noch den bereits angefangenen Punkt abschließen. Damit das SMART-Raster komplett erfüllt wird, fehlt uns noch das T für Termin. In welcher zeitlichen Form oder Abfolge wäre die Übersendung dieser Untersuchungsberichte sinnvoll?"

„Ich meine, eine monatliche Weiterleitung der gesammelten und geprüften Untersuchungsberichte würde genügen," schätzt Thomas Melzer.

„Können wir das an ein bestimmtes Datum knüpfen", will Bettina Reichert wissen.

„An jedem zweiten Mittwoch eines Monats," schlägt Susanne Baumann vor. Rolf Neufeld geht noch einen Schritt weiter: „Möglicherweise wäre dies auch ein Tagesordnungspunkt für den Jour fixe."

„Gut, wenn alle einverstanden sind, können wir diese Option für das Lösungspaket beiseite legen und uns der nächsten Option zuwenden", so die Mediatorin.

In dieser Weise verfährt Bettina Reichert mit allen noch gelisteten Optionen. Nachdem alle Optionen das SMART-Raster durchlaufen haben, verbleibt folgende Essenz für die vertragliche Verhandlung. Die auf Mediationskarten kurz umrissenen Optionen sortiert die Mediatorin auf zwei Pinwände in „Verhandelbare Optionen" und „Verworfene Optionen". In der Gegenüberstellung ergibt sich der auf der folgenden Seite grafisch dargestellte Überblick.

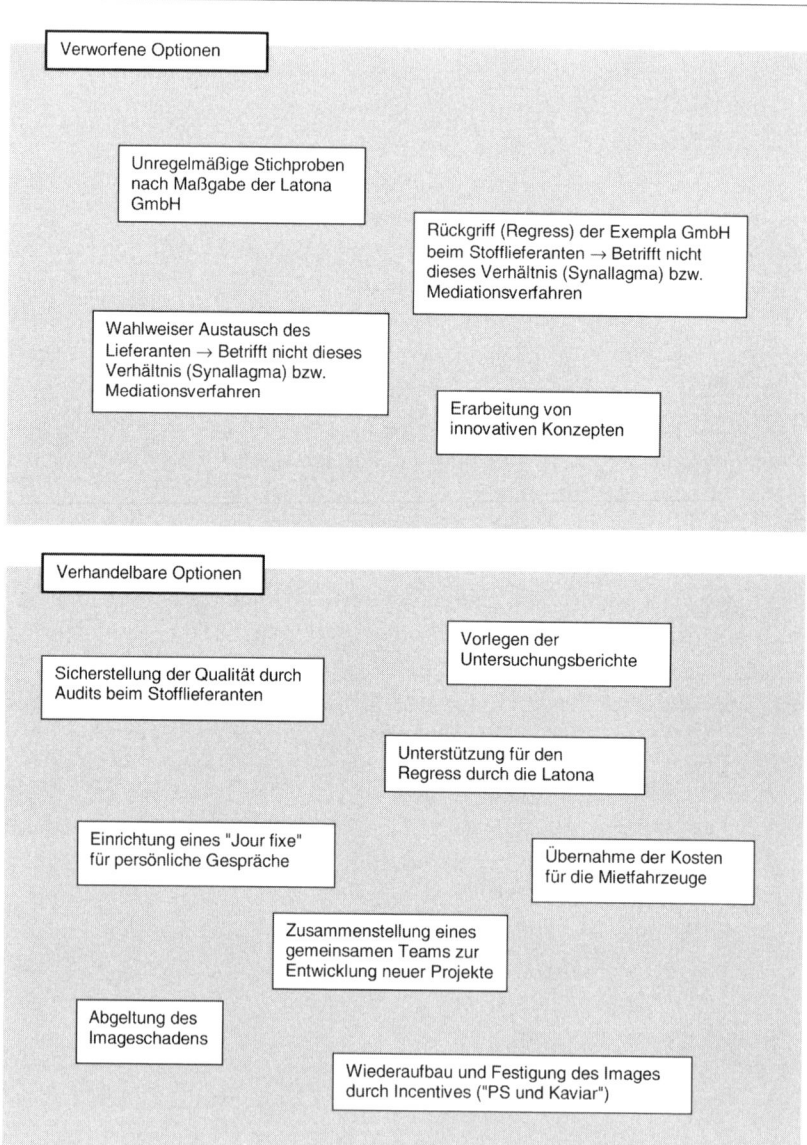

Abb. 1-11: Verhandelbare und verworfene Optionen

Nun versucht die Mediatorin mit den Beteiligten aus den verhandelbaren Optionen mögliche Lösungspakete zusammen zu stellen. Bei der Bewertung dieser Lösungspakete ist die juristische Beratung, die direkt durch die Anwälte während der Mediation stattfinden kann, äußerst zielführend. Als Lösungspakete werden jeweils folgende Varianten zusammengefasst:

Lösungspaket A	Lösungspaket B	Lösungspaket C
• Vorlegen der Untersuchungsberichte • Unterstützung für den Regress durch die Latona GmbH • Zusammenstellung eines gemeinsamen Teams zur Entwicklung neuer Projekte • Anteilige Übernahme der Kosten für die Mietfahrzeuge • Abgeltung des Imageschadens • Einrichtung eines monatlichen Jour fixe für persönliche Gespräche	• Vorlegen und Kontrolle der Untersuchungsberichte • Sicherstellung der Qualität durch Audits beim Stofflieferanten • Volle Übernahme der Kosten für die Mietfahrzeuge • Abgeltung des Imageschadens • Einrichtung eines monatlichen Jour fixe für persönliche Gespräche	• Vorlegen der Untersuchungsberichte • Einrichtung eines quartalsweisen Jour fixe für persönliche Gespräche • Abgeltung des Imageschadens • Wiederaufbau und Festigung des Images durch Incentives ("PS und Kaviar")

Abb. 1-12: Mögliche Lösungspakete

Von den drei Varianten stellt sich nach intensiver Diskussion und mehreren Einzelgesprächen der Anwälte mit ihren Mandanten die Variante B als bevorzugt heraus. Diese soll jedoch noch Modifizierungen erfahren. Hierbei wiederholt Gerd Hagemeier, dass ein Imageschaden grundsätzlich schwer quantifizierbar, er jedoch nicht in Abrede stellen will, dass ein solcher eingetreten sei. Mitunter ist die Abgeltung des Imageschadens von solcher Wichtigkeit, dass sie ebenso wie die Einrichtung des Jour fixe in allen Varianten vertreten sei. Als Entschädigung für den befürchteten Imageschaden hält er eine Summe von 80.000 Euro für angemessen. Diese würde er mit einem Zahlungsziel von drei Monaten erwarten. Rolf Neufeld erwidert, dass man dies in Zusammenspiel mit den tatsächlich entstandenen Kosten sehen müsse, und es sich dabei um fast die halbe Summe des entstandenen Aufwands handele. Er bietet einen Betrag von 20.000 Euro an, die nach seiner Meinung ausreichend seien. Für Gerd Hagemeier ist dies zu wenig, er kommt Rolf Neufeld jedoch entgegen und schlägt 65.000 vor. Dieser bespricht sich kurz mit seinem Anwalt: „Für den Imageschaden wäre ich bereit, eine Summe 35.000 Euro zu zahlen, wenn diese mit dem entstandenen Schaden in Höhe von 177.000 Euro addiert, und der sich so ergebende Gesamtbetrag von 212.000 Euro als Teilverrechnungsposten bei den laufenden Lieferungen abgezogen werden könnte."

Nach einer kurzen Besprechung zwischen Rolf Neufeld und Thomas Melzer verkündet der Geschäftsführer der Exempla GmbH sein Einverständnis. Thomas Melzer regt an, eine Mediationsklausel in den Vertrag aufzunehmen. Daraufhin fasst die Mediatorin Bettina Reichert die Punkte des Memorandums zusammen:

MEMORANDUM

- Vorlage der kontrollierten Untersuchungsberichte durch die Exempla GmbH an die Latona GmbH

- Sicherstellung der Qualität durch von der Exempla GmbH beim Stofflieferanten durchgeführte Audits sowie Weiterreichung der Ergebnisse an die Latona GmbH

- Schadenskompensation in einer Gesamthöhe von 212.000 Euro unter Verrechnung der Summe in Teilbeträgen von 26.500 Euro mit jeder Lieferung

- Einrichtung eines monatlichen Jour fixe (jeder zweite Mittwoch eines Monats) für persönliche Gespräche in wechselweiser Ausrichtung durch die beiden Geschäftsführer

- Integration einer Mediationsklausel in den Mediationsabschlussvertrag

Abb. 1-13: Memorandum

Nachdem das Memorandum von der Mediatorin zusammengestellt wurde, wird die Frage aufgeworfen, in welcher Form die Anwälte zusammenwirken sollen, um daraus einen Mediationsabschlussvertrag zu gestalten. Ein eventueller Gesprächsbedarf könnte in einem weiteren Termin behandelt werden, ansonsten würde dieser Termin hauptsächlich zur Besprechung dienen, wie die Umsetzung der vereinbarten Punkte kontrolliert werden könne, sowie darüber hinaus zur Vertragsunterzeichnung.

Die Anwälte kommen überein, den Vertrag im Ein-Text-Verfahren zu erstellen, der letzte Termin soll in zwei Wochen das Mediationsverfahren beenden.

Sobald sie aus juristischer Sicht damit zufrieden sind, besprechen sie den Entwurf separat mit ihren Mandanten und weisen sie auf die rechtlichen, wirtschaftlichen und persönlichen Konsquenzen hin.

Vierte Mediationssitzung und Vertrag

Bettina Reichert ist erfreut, die Beteiligten nach 14 Tagen wieder zu sehen. „Vielen Dank für die Übersendung des Mediationsabschlussvertrags, ich möchte ihn mit Ihnen noch mal durchgehen. Wie ich sehe, haben Sie bereits die Kontrolle der Umsetzung geregelt. Dabei kann ich Ihren Anwälten nur ein Kompliment aussprechen. Sie haben Sie im Verfahren nicht nur mit dem juristischen Sachverstand, sondern auch mit wirtschaftlicher Kompetenz begleitet und sehr zügig diesen Vertrag ausgearbeitet." Zu den Anwälten gewandt: „Besonders freut mich die Integration der Mediationsklausel. Sie haben die puristische Formulierung noch deutlich ausdifferenziert." „Ja," lächelt Susanne Baumann. „Wir haben bereits geplant, diese Klausel ebenfalls in andere Verträge zu integrieren."

Nach der Unterzeichnung schütteln sich die Geschäftsführer gegenseitig die Hände. Thomas Melzer bemerkt, dass er gerne, das Einverständnis der Kollegin vorausgesetzt, die Wiederaufnahme des Verfahrens beantragen würde. Gleichzeitig würde er dabei den Vertrag vorlegen und das Gericht ersuchen, diesen Inhalt als Vergleichstext zu übernehmen und damit das Gerichtsverfahren einvernehmlich unter gegenseitiger Kostenaufhebung zu beenden. Susanne Baumann erklärt sich einverstanden.

Die Mediatorin Bettina Reichert sieht damit das Mediationsverfahren als erfolgreich beendet und beglückwünscht alle Beteiligten zu ihrer positiven Entscheidung, eine Mediation versucht und auch erfolgreich beendet zu haben.

Mit einem Augenzwinkern zu Gerd Hagemeier, der ebenso erleichtert ist, deutet Rolf Neufeld an, dass er immens froh ist, diesen Streit für beide Seiten positiv gelöst zu haben. Dass dabei ihre noch bestehende Geschäftsbeziehung intensiviert werden wird, freut beide besonders.

Auswirkungen der Mediationsabschlussvertrags

Nachdem der Mediationsabschlussvertrag einige zu erfüllende Vorgehensweisen beinhaltet, ist die Überprüfung ihrer Einhaltung geboten.

In den Wochen nach der erfolgreichen Mediation merkt Rolf Neufeld, wie die abfallenden Anspannungen zu einer Wandlung seiner persönlichen und geschäftlichen Beziehungen führen. Er ist gelöst und beruflich erfolgreich.

Nach dem Verklingen der anfänglichen Euphorie wird es für ihn Zeit, Bilanz zu ziehen. Wurden die Einzelpunkte des Mediationsabschlussvertrages eingehalten? Ist noch etwas offen? Müssen weitere Gespräche zur Festigung der Ergebnisse geführt werden?

Rolf Neufeld hält für sich fest: Die geschäftlichen Beziehungen zur Latona GmbH haben einen Aufschwung erlebt, und die Auftragsbücher zeugen von einer hohen Auslastung der Kapazitäten. Den vorübergehenden Mehrlieferungen hat Rolf Neufeld durch die Anordnung von Überstunden in Absprache mit dem Betriebsrat Rechnung getragen.

Beendigung des Gerichtsverfahrens

Der Rest des Verfahrens war eine reine Formsache: Der Beklagtenvertreter Rechtsanwalt Thomas Melzer beantragte die Wiederaufnahme des Verfahrens und den beigelegten Mediationsabschlussvertrag als gerichtlichen Vergleich zu protokollieren. Dieser sollte unwiderruflich sein. Aus diesem Grund bestätigte Susanne Baumann das Einverständnis der klagenden Seite mit diesem Vorgehen. Dieser Vergleich beendete den Prozess; die Rechtsanwälte Melzer und Baumann waren und sind zufrieden mit dem Verlauf und dem Ergebnis der Mediation.

Auch Richter Jonas Eichenberger sieht sich bestätigt, die Mediation vorgeschlagen zu haben: „Die Parteien haben sich in einem Mediationsverfahren auf einen Vergleich geeinigt und damit das Verfahren erfolgreich beendet."

Die beiden Anwälte informieren nach Erhalt der Ausfertigung des Vergleichs ihre jeweiligen Mandanten. Der Geschäftsführer der Exempla GmbH, Rolf Neufeld, meint erleichtert gegenüber seinem Anwalt Thomas Melzer: „Sie hatten recht, mir zur zukunftsorientierten Mediation zu raten. Ich finde, wir schließen das Ganze mit einem gemeinsamen Essen ab. Würden Sie dies bitte Ihrer Kollegin vorschlagen? Ich werde mit Herrn Hagemeier über einen Termin sprechen."

Kosten-Nutzen-Analyse

Im Verlauf der nächsten Woche stellt Gerd Hagemeier in einer Tabelle zusammen, welche Faktoren kostenverursachend und welche kostendämpfend gewirkt haben. Nach einem ersten Überblick hat sich die Mediation bereits mehrfach bezahlt gemacht. Die Einsparungen gegenüber einem langjährigen Zug durch die Instanzen können in andere Projekte investiert werden.

Während Gerd Hagemeier seine auf seine Erfahrungen bezogene Zusammenstellung handschriftlich anfertigt, könnte für andere Verfahren folgende abstrahierte Tabelle gelten, die auf langjährigen Erfahrungen des SDMC (San Diego Mediation Center) beruht. Diese Kosten-Nutzen-Analyse beinhaltet viele Punkte, die auf den jeweiligen Fall in der Wirtschaftsmediation zugeschnitten werden müssen.

Es sind jedoch nicht nur die Einsparungen an monetären und personellen Ressourcen, die auf der Habenseite erscheinen. Die mit einem Gerichtsverfahren einhergehenden Belastungen, die Gerd Hagemeier sich und seiner Firma ersparte, setzen Potenzial frei, das produktiv für die Firma eingesetzt werden kann. Der Blick ist wieder frei für zukünftige Aufgaben und Projekte.

Warum er derart engstirnig die Gerichtsverhandlung als einzigen Weg empfand, um diesen Konflikt zu lösen, mag Gerd Hagemeier im Nachhinein nicht schlüssig erscheinen. Bei den nächsten Konflikten wird er auf jeden Fall nicht sofort den Gang zu Gericht einschlagen, sondern primär versuchen, mittels einer Mediation nachhaltigere Lösungen zu

Kosten	Nutzen
Bisher aufgetretene Kosten	**Bisheriger Nutzen**
Direkte Kosten • Gebühren • Ausgaben • Verlorene Löhne • Prozesskosten • Andere Kosten	Direkter Nutzen • .... € eingenommen • .... € zusätzlich durch den Fall verdient
Indirekte Kosten • Aufgewandte Zeit • Auswirkungen auf das Privatleben • Verschobene sowie nicht begonnene Projekte und Arbeiten • Rufschädigung	Indirekter Nutzen • Kosten für die andere Partei • Rufschädigung der anderen Partei
Zwischenbilanz	Zwischenbilanz
Kosten einer Lösung	**Nutzen bis zu einer Lösung**
Direkte Kosten • Gebühren • Ausgaben • Beratungen mit Experten • Löhne, etc. • Erste Schritte	Direkter Nutzen • Finanzieller Nutzen • Besitz • Verbindung erhalten
Indirekte Kosten • Zeit • Beziehungen • Emotionale Belastungen	Indirekter Nutzen • Den "guten Kampf" kämpfen • Beschäftigt sein • Produzierte Energie
Zwischenbilanz	Zwischenbilanz
Mögliche zukünftige Kosten	**Möglicher zukünftiger Nutzen**
Direkte Kosten • Den ganzen Fall verlieren • Den Fall nur teilweise gewinnen • Den Fall gewinnen, ohne zu kassieren	Direkter Nutzen • Den Fall teilweise gewinnen • Den Fall gewinnen
Indirekte Kosten • Einige Projekte nie beginnen können • Wichtige Beziehungen verlieren	Indirekter Nutzen • Selbstbestätigung • Neue Beziehung
Zwischenbilanz	Zwischenbilanz
Gesamtbilanz	**Gesamtbilanz**
Gesamtbilanz Kosten	Gesamtbilanz Nutzen

Abb. 1-14: Kosten-Nutzen-Analyse der Wirtschaftsmediation nach SDMC

finden, wenn direkte Verhandlungen nicht zu einem sinnvollen Ergebnis führen. Die Mediation war aus seiner Sicht ein voller Erfolg, dessen Tragweite ihm im vollen Umfang nach und nach bewusst wird.

Auf Empfehlung seiner Anwältin Susanne Baumann wird ein Gespräch zum Thema Rückblick und Strategien für die Zukunft vereinbart. Sie überlegen gemeinsam, ob sie nicht für zukünftige Fälle Mediation als Möglichkeit vorsehen sollen. RAin Baumann hat dazu eine Aufstellung aller Verträge vorbereitet, die sie in einer Übersicht Gerd Hagemeier zeigt:

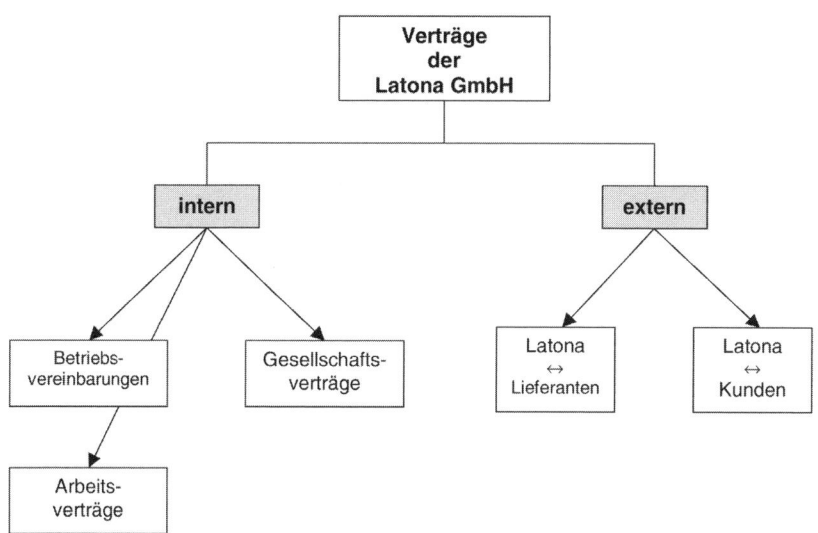

Abb. 1-15: Verträge der Latona GmbH

Bei einem Blick auf die Grafik wird Gerd Hagemeier klar, in wie vielen Bereichen es mögliche Konfliktherde geben kann. Für die internen Belange soll der Betriebsrat informiert und um seine Mitarbeit gefragt werden. Des weiteren soll ein Team zusammengestellt werden, das Vorschläge für die interne Nutzung von Mediation machen soll. Für die externen Verträge will Susanne Baumann geeignete Klauseln entwerfen, die zukünftig in jedem neuen Vertrag verwendet werden sollen. Sie hat sich dazu bereits bei verschiedenen Mediationsverbänden kundig gemacht. Bei bestehenden Lieferantenbeziehungen empfiehlt sie die zusätzliche Vereinbarung einer Mediationsklausel.

3. Zusammenfassung

Die Wirtschaftsmediation stellt eine zusätzliche Konfliktlösungsmöglichkeit dar, die zu jedem Zeitpunkt einer vorhandenen Konfliktentwicklung begonnen werden kann. Selbst vor Gericht kann die Einleitung einer Mediation zu einer geschäfts- und interessenorientierten Lösung führen, die darüber hinaus umfassender und nachhaltiger ist, da nicht nur rechtliche Aspekte beachtet werden.

Bisher sind es viele Unternehmen gewohnt, traditionelle Konfliktlösungsmodelle einzusetzen, die nur Gewinner und Verlierer hinterlassen. Dies resultiert aus der marktpolitischen Situation, die starke Unternehmen begünstigt. Vielfach sind größere Unternehmen auf Zusammenarbeit mit anderen großen oder kleineren Unternehmen angewiesen. Dabei ist eine kämpferische Konfliktregelung nicht von Vorteil. Ein altes chinesisches Sprichwort besagt: „Solange wir unsere Richtung nicht ändern, werden wir sehr wahrscheinlich dort enden, wohin wir uns bewegen."

Hilfreich bei der Betrachtung anderer Lösungswege als der bisher genutzten ist ein offener Umgang mit Alternativen und der Wunsch, langfristig sinnvolle Wege zu beschreiten. Die Mediation als neu einzuschlagende Richtung ist ein geeigneter Ausweg aus verfahrenen Konflikten, die durch ein Gerichtsverfahren nur verschärft würden.

Die Wirtschaftsmediation kann immer dann empfohlen werden, um entstehende Konflikte in einem möglichst frühzeitigen Stadium effektiv zu deeskalieren und bereits eingetretene Konflikte zum Wohle aller Beteiligten effizient und mit Ausrichtung auf die Zukunft zu beenden.

2

Konfliktmanagement mit Mediation

Bei gleicher Umgebung lebt doch jeder in einer anderen Welt.
Arthur Schopenhauer

Gerd Hagemeier möchte sich nach der erfolgreich abgeschlossenen Mediation umfassend über dieses Verfahren und seine Zusammenhänge informieren. Er bittet seine Anwältin entsprechende Informationen zusammenzustellen. Dazu soll sie die bisher gängigen Konfliktmanagementmethoden, deren Einsatzfelder und Sinnhaftigkeit einander gegenüber stellen.

1. Konflikte schaden dem Unternehmen

Konfliktbereiche

Rechtsanwältin Susanne Baumann beginnt bei einer Übersicht über die Konfliktbereiche im Unternehmen. Diese erstrecken sich von unternehmensinternen Konflikten zwischen Personen und Gruppen, bis hin zu unternehmensexternen Konflikten mit Kunden, Zulieferern, schwierigen Situationen bei Unternehmenskäufen oder Fusionen usw.

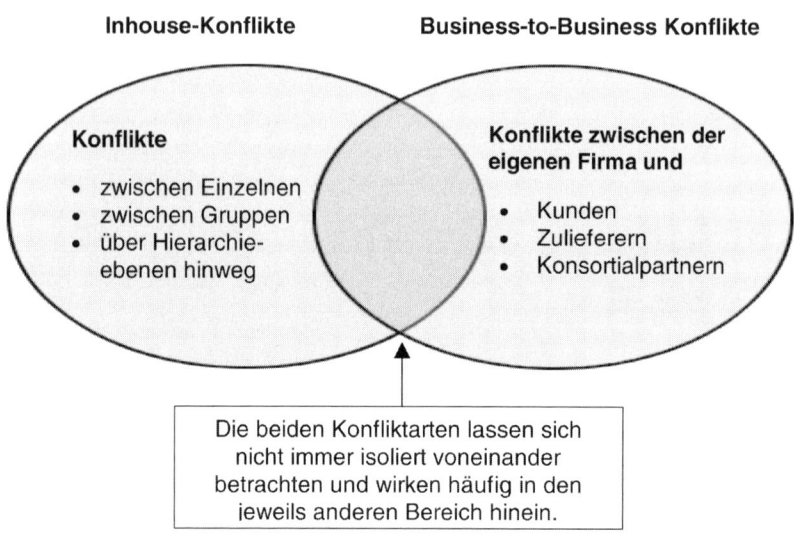

Abb. 2-1: Wechselwirkung zwischen Inhouse- und Business-to-Business-Konflikten

Besonders zu beachten ist die Schnittmenge beider Konfliktarten, jener Bereich, bei dem Inhouse-Konflikte sich auf die externen Beziehungen auswirken und damit dem Geschäft schaden können. Die Ursache für diese übergreifenden Einflüsse liegt darin, dass aufgrund von Konflikten die Arbeitsatmosphäre leidet, Fehler gemacht werden und diese ihre Wirkung in der Abwicklung mit Kunden, Zulieferern und anderen Konsortialpartnern finden. Daraus könnte – wie man beim letzten Prozess gesehen hat – dann ein Business-to-Business-Konflikt entstehen. Die Auswirkungen potenzierten sich häufig, insofern kann schon durch Prävention im Inhouse-Bereich eine effektive Vorsorge für die Vermeidung von Business-to-Business-Konflikten getroffen werden.

Rechtsanwältin Baumann: „Die Wechselwirkung besteht auch umgekehrt, da für Probleme mit externen Bereichen meist ein interner Schuldiger gesucht wird bzw. gefunden werden soll. Die Einflussnahmemöglichkeit über Prävention ist deutlich geringer, kann jedoch im internen Bereich durch eine optimierte Führungsqualität aufgefangen werden. Hierzu habe ich eine Übersicht erstellt."

Konfliktmanagement mit Mediation

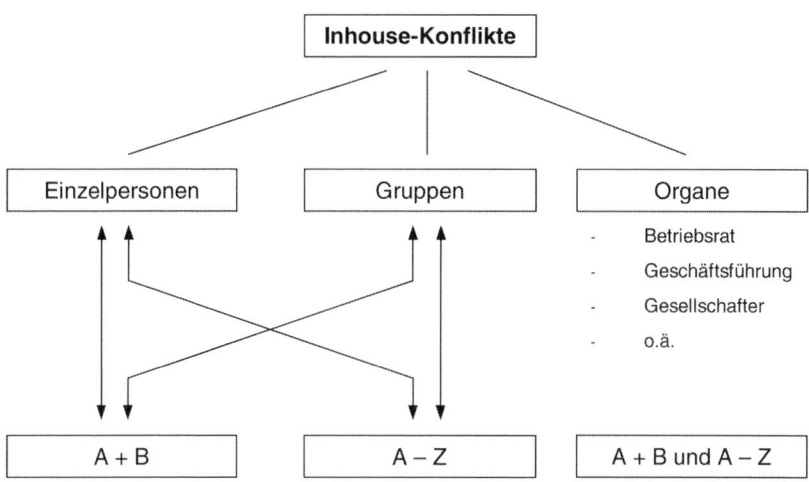

Abb. 2-2: Inhouse-Konflikte

Generell können drei verschiedene Felder für Mediation in Organisationen festgestellt werden: Personen, Gruppen und Organe.

A + B Bezeichnet Konflikte zwischen zwei Personen oder zwei Gruppen. Die Gruppen können formal entstanden sein, wie z. B. in einer Abteilung oder gewachsen sein, wie etwa in einer informellen Gruppe oder in einem für eine bestimmte Dauer zusammengestellten Team oder ein Organ der Organisation.

A – Z Meint Mehr-Parteien-Situationen, in ähnlichen Konstellationen wie bei A + B, zwischen mehreren Einzelpersonen oder Gruppen oder zwischen Einzelpersonen und Gruppen. Dies ist der Hauptbereich für Mobbing-Aktivitäten. Die Besonderheit liegt vornehmlich in der Komplexität durch die Anzahl der Beteiligten. Oft ist feststellbar, dass schlussendlich mehr Beteiligte einzubeziehen sind, als ursprünglich abzusehen war.
Hiermit sind alle betriebsinternen Konflikte gemeint, die nicht innerhalb eines Teams ausgetragen werden, sondern zwischen zwei Gruppen oder Abteilungen eines Unternehmens bestehen. Spezifisch für diese Art von Konflikten ist, dass die unter-

schiedlichen Abteilungen, Gruppen oder Partner auf eine weitere Zusammenarbeit angewiesen sind. Deswegen ist es für Führungskräfte sehr wichtig, diese Konflikte frühzeitig zu erkennen. Dies wird allerdings gerade dadurch erschwert, dass die Vielzahl der Beteiligten und in aller Regel sachlichen Stellungnahmen nur schwerlich in einen Zusammenhang mit einem Konflikt zwischen den Abteilungen zu bringen sind. Besonders unangenehm ist dies bei sich erst spät einstellenden Ausprägungen.

Organe Bei Organen hängt die Zusammenstellung von der formalen Struktur der Organisation ab – bei einer Aktiengesellschaft gäbe es beispielsweise neben dem Vorstand einen Aufsichtsrat zu berücksichtigen.
Schon durch die Schaffung des Organs Betriebsrat entsteht eine latente Konfliktsituation durch die inhärente Aufgabenstellung. Der Betriebsrat zeichnet verantwortlich für die Wahrung der Rechte der Arbeitnehmer, wohingegen die Geschäftsleitung sich dem Unternehmen und den wirtschaftlichen Unternehmensergebnissen verpflichtet fühlt. In den oft heftigen Auseinandersetzungen wird vergessen, dass ohne eine gut funktionierende Firma Arbeitsplätze gefährdet sind, und umgekehrt ohne motivierte Arbeitnehmer die Firma nicht florieren kann. Historisch bedingt werden Auseinandersetzungen auch heute noch oppositionell geführt. Die Arbeitnehmer erwarten vom Betriebsrat für sie „zu kämpfen". Dies kann dazu führen, dass Auseinandersetzungen vor dem Arbeitsgericht enden.
Die Mitwirkungs- und Anhörungsrechte des Betriebsrats, die u.a. durch das Betriebsverfassungsgesetz fixiert sind, ergeben eine starke Stellung, mit der sich die Geschäftsleitung auseinandersetzen muss. Der häufig praktizierte Konfrontationskurs, der beispielsweise durch ungünstige Tarifabschlüsse und Stellenabbau langfristig zu einem negativen Betriebsklima führt, wird durch das Beharren auf rechtlichen Positionen noch verstärkt. Diese relativ starke Interessenpolarisierung führt schnell zu verhärteten Fronten, obwohl das Verfahren der Einigungsstellen großen Spielraum für den Einsatz anderer Konfliktlösungsmethoden, wie beispielsweise der Mediation, gewähren würde.

„Die meisten Konfliktarten der letzten Gruppe", führt Rechtsanwältin Baumann aus, „lassen es als sinnvoll erscheinen, juristische Kompetenz einzubeziehen, da in der Mehrzahl der Fälle durchsetzbare Regelungen anvisiert werden. Im Gegensatz zu den beiden Fallkonstellationen A+B und A-Z, bei denen schwerpunktmäßig das menschliche Miteinander-Arbeiten durch den Konflikt gestört ist und die Regelungen, die dafür sinnhafterweise getroffen werden, gar nicht juristisch durchsetzbar wären. Je nachdem, um welche der drei Gruppen es sich handelt, ist in der Pre-Mediation, der Vorbereitungsphase der Mediation, unterschiedlich vorzugehen."

Inhouse-Konflikte, insbesondere Mobbing

Gerd Hagemeier zeigt ihr einen Flyer, den er vom Betriebsrat erhalten hat. Darin werden die wesentlichen Charakteristika von Mobbing zusammengestellt.

Mobbing ist aggressives Verhalten am Arbeitsplatz gegenüber einer Minderheit oder einer Einzelperson. Es bezeichnet alle Verhaltensweisen der „Schikane, Diskriminierung und Isolierung von Mitarbeitern". Meistens ist innerhalb einer Gruppe ein Mitarbeiter betroffen bzw. eine kleine Anzahl von Mitarbeitern. Die Formen von Mobbing sind vielfältig und können sich auf verschiedene Bereiche erstrecken, wobei sie in ihren Ausprägungen Überlappungen zu mehreren Bereichen aufweisen können:

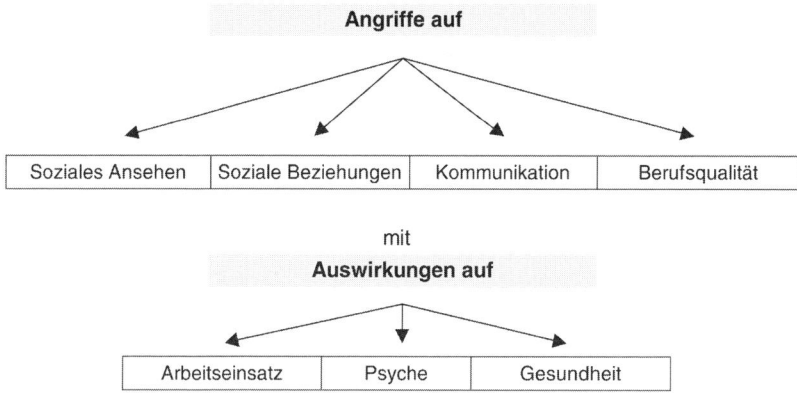

Abb. 2-3: Auswirkungen von Mobbing-Angriffen auf persönliche und soziale Qualitäten (Überlappungen und Kombinationen sind jederzeit möglich.)

Diese Konflikte gibt es in verschiedenen Ausprägungen, wobei die nachfolgende Aufzählung aufgrund der mannigfaltigen, möglichen Kombinationen keinen Anspruch auf Vollzähligkeit erhebt.

Typ des Mobbing	Beispiele
Angriffe auf die Möglichkeit sich mitzuteilen	- Einschränkungen der Kommunikation - Unterbrechung bzw. Abweisung der Kommunikationsversuche - Ständige Kritik an Arbeit und Privatleben - Mündliche Drohungen
Angriffe auf die sozialen Beziehungen	- Kontaktverweigerung - Versetzung in einen Raum fern der Kollegen - Soziale Abgrenzung gegenüber den Arbeitskollegen - Meidung bzw. Abweisung des gesuchten Kontakts
Angriffe auf das soziale Ansehen	- Verbreitung von Gerüchten - Diffamierung der Nationalität, Herkunft, politischen und/oder religiösen Einstellung - Einteilung zu erniedrigenden Arbeiten - Infragestellung der getroffenen Entscheidungen - Verdächtigungen auf psychische Erkankung - Kritisierung der geleisteten Arbeit - Falsche Darstellung und Bewertung des Arbeitseinsatzes
Angriffe auf die Qualität der Berufs- und Lebenssituation	- Abschottung von möglichen Arbeiten - Übertragung sinnloser oder niveauloser Aufgaben - Ständige Überfrachtung mit neuen Aufgaben - Diskreditierung durch Übertragung von Aufgaben, die den Betroffenen überfordern - Versagen der Möglichkeit selbständig zu arbeiten - Herunterspielen der erbrachten Leistungen
Angriffe auf die Gesundheit	- Androhung körperlicher Gewalt - Körperliche Misshandlung - Psychische Beeinträchtigungen

Abb. 2-4: Beispiele für Mobbing gegen Einzelpersonen

Konfliktkosten
In einer Langzeitstudie wurde errechnet, dass Ängste am Arbeitsplatz wie z. B. Furcht vor Neid und Missgunst der Kollegen oder vor gezielter Falschinformation eines Rivalen die Unternehmen jährlich etwa 50 Milliarden Euro kosten. Hiervon besonders betroffen sind die Führungsetagen, die oft aus Furcht vor Imageverlust eher dazu neigen, Probleme dieser Art zu verdrängen.[1] Ungeregelte Streitfälle in Unternehmen haben auch entsprechend unangenehme Langzeiteffekte. In Extremfällen können Unternehmen an solchen Konfliktfällen zugrunde gehen. Rechtsanwältin Baumann sagt zu, sich dieses Bereichs besonders anzunehmen und ihn in ihr Konzept mit einzubeziehen.

Business-to-Business Konflikte (B2B-Konflikte)

Gerd Hagemeier möchte nun noch einmal auf Problemstellungen mit Externen zu sprechen kommen. Hierzu gehören seiner Ansicht nach alle Konflikte mit Zulieferern und/oder Abnehmern. Die Logistik eines Unternehmens sei von der reibungslosen und termingerechten Anlieferung der benötigten Komponenten abhängig und folglich auf eine gute Zusammenarbeit der Unternehmen untereinander angewiesen. Auch die geforderte Qualität und die bestellte Quantität würden eine große Rolle spielen. Insbesondere Minderlieferungen könnten bei dem belieferten Betrieb dazu führen, dass bei der Fertigstellung der Differenzcharge überproportional hohe Kosten entstünden. Dies könne durch den Terminverzug noch potenziert werden. Die Qualität sei daher ein wesentliches Kriterium, das in einem "Magischen Dreieck" mit den Terminen und den Kosten zusammenwirke.

„Das 'Magische Dreieck' der Business-to-Business Auseinandersetzungen hat umgekehrt auch Auswirkungen auf den Inhouse-Bereich", meint Rechtsanwältin Baumann und fährt fort: „Die Auseinandersetzungen finden zwar nicht innerhalb eines Unternehmens statt, ihre Einflüsse in den betrieblichen Ablauf sind jedoch nicht zu negieren und führen bisweilen zu Wechselwirkungen, deren Umfang nicht immer offensichtlich ist."

---

[1] Institut für Produktmanagement, Markt- und Meinungsforschung: Konfliktmanagement für Unternehmen (www.ipmm.de/dienstleistungen)

Abb. 2-5: „Magisches Dreieck" der Business-to-Business Auseinandersetzungen (Qualität, Termine und Kosten)

Vom Wirtschaftsmediationsverband hätte sie auch noch die Information, dass weiteres Konfliktpotenzial sich aus Firmenfusionen und Firmenkäufen ergäbe, da hier sehr häufig Verteilungskonflikte, Hierarchieumbildungen, Personalselektionen und weitere Schwierigkeiten entstehen, die sich aus den unterschiedlichen Mentalitäten der Mitarbeiter und Kulturen der Unternehmen ergeben. Neu gegründete Betriebe erfahren Probleme im Umgang mit Konflikten, die sich aus der Gründungssituation ergeben. Ähnliches gilt für Sanierungs- oder Insolvenzunternehmen. Dabei verlaufen Sach- und Beziehungskonflikte parallel zueinander und vermischen sich. Daher ist es für die Beteiligten nahezu unmöglich, den Ursprung des Konflikts zu erkennen.

Wie jeder Einzelne auf einen Konflikt reagiert und wie dieser dann ausgetragen wird, hängt von unterschiedlichen Grundeinstellungen, persönlichem Charakter und bisher Erlerntem ab.

Grundhaltungen

	Individualistisch	Kompetitiv	Kooperativ
Bestreben / Ergebnis	Der eigene Vorteil steht im Vordergrund, die Situation des Gegners ist nebensächlich.	Der Wettbewerb aller Beteiligten steht im Vordergrund, beide wollen am Ende des Streits besser dastehen als der jeweils andere. Verlieren beide, soll es dem anderen jedoch schlechter als einem selbst gehen.	Allen Parteien soll es nach einem Streit besser gehen. Der Konflikt dient dem Fortschritt, der "Kuchen" soll vergrößert werden.

Abb. 2-6: Verschiedene mögliche Grundhaltungen, einem Konflikt zu begegnen

Mögliche Reaktionen auf einen Konflikt

Gerd Hagemeier und Susanne Baumann erinnern sich an die mit der Mediatorin Bettina Reichert geführte Nachbesprechung. Sie hatte – als Analyse, wie es zu der Auseinandersetzung mit der Exempla GmbH gekommen sei – darauf hingewiesen, dass es grundsätzlich 3 Möglichkeiten gibt, mit einem Konflikt umzugehen. Damit sind jeweils verschiedene Auswirkungen verbunden, die unterschiedliche Vor- und Nachteile mit sich bringen. Bei der nachfolgenden Aufstellung ist auch die Reaktion des anderen Konfliktbeteiligten mit berücksichtigt, sowie verschiedene Gründe, sich für die eine oder andere Vorgehensweise zu entscheiden. Da es sich ebenfalls um Grundhaltungen handelt, wird dabei oft unbewusst agiert. Ist ein Konflikt als solcher für einen Betroffenen klar, kann er auch bewusst ein anderes Vorgehen wählen.

Während einer Krise findet eine eingeschränkte Wahrnehmung statt. Es kommt dabei zu einer sehr starken Konzentration auf das Problem, ohne Randumstände zu berücksichtigen bzw. in die Problemlösung einzubeziehen. Die Konfliktpartei tritt in eine sogenannte „Problemtrance" über.

Reaktion auf einen Konflikt	Auswirkungen	
Negieren	Die betroffene Person negiert den Konflikt und möchte keine Beteiligung an demselben. Sie hofft, dass sich das Problem von alleine löst. Der Konfliktgegner wird möglicherweise zusätzlich ignoriert. Negation schafft keine Konfliktlösung, sondern stellt einen der Paralyse ähnlichen Verlust der eigenen Handlungsfreiheit dar.	
Agieren	**Eigenständiges Agieren**	**Unterstütztes Agieren**
	Bilaterale Verhandlungen mit dem bzw. den anderen Konfliktbeteiligten. Diese können kooperativ oder konfrontativ sein. Der Vorteil bei einer Kooperation ist die positive Einflussnahme auf den Konflikt und die Möglichkeit, die Beziehungen fortzuführen.	Hinzuziehung eines Dritten ohne Entscheidungsgewalt, wie beispielsweise Mediator, Schlichter, Schiedsmann, etc. Dies schafft eine größere Akzeptanz der Konfliktlösung durch die Einbeziehung einer "neutralen Stelle".
Delegieren	Eine übergeordnete Instanz wird eingeschaltet, um den Konflikt zu regeln, z.B. Vorgesetzter, Schiedsgericht oder Gericht. Die Entscheidung erfolgt nach bestimmten zuvor festgelegten Prinzipien, zu denen rechtliche Grundlagen oder bestehende Werte und Normen zählen können. Diese Regelungsart ist zielführend, wenn eine Partei unwillens ist, sich kooperativ und eigenverantwortlich mit dem Konflikt auseinander zu setzen. Ein Nachteil ist allerdings, dass die Konfliktgegner keinen Einfluss auf die Entscheidung haben. Meistens sind nur Fakten von Bedeutung, individuelle Bedürfnisse finden selten Berücksichtigung. Im schlechtesten Fall sind beide mit dem Ergebnis unzufrieden. Eine weitere Zusammenarbeit ist oftmals nicht mehr möglich.	

Abb. 2-7: Mögliche Reaktionen auf einen Konflikt

Gerd Hagemeier nickt, ja, er hätte das Problem wegen der Arbeitsüberlastung und, weil er es aufgrund der früher so guten Geschäftsbeziehung zur Exempla GmbH nicht hatte wahrhaben wollen, negiert. Da er lange zugewartet hatte, kam weder das eigenständige, noch das unterstützte Agieren mehr für ihn in Betracht. Er sah danach nur noch den Weg zum Gericht, die Delegation. Allerdings in der Variante „unterstützte Delegation", da er ja die Anwältin Baumann eingeschaltet habe. Danach hätte er wohl auch den Weg zur Mediation als Schwäche interpretiert, jedenfalls nicht als sinnvoll oder gar erfolgversprechend. „Hätte es etwas gegeben, womit ich Sie damals hätte überzeugen können?" fragt Susanne Baumann. Gerd Hagemeier schüttelt langsam den Kopf: „Jedes rationale Argument hätte ich versucht zu entkräften, da ich große Sorge hatte, von der Exempla nicht ernstgenommen zu werden."

Konfliktmanagement mit Mediation   65

Auswirkungen von Konflikten auf Unternehmenserträge

Die Mediatorin hatte ihnen, wie auch Rolf Neufeld von der Exempla GmbH und dessen Anwalt Thomas Melzer, bei der Nachbesprechung eine Statistik übergeben, nach der Konflikte innerhalb eines Unternehmens viele Nachteile mit sich bringen. Wie weit jedoch diese Nachteile reichen und welche Auswirkungen sie auf das Gesamtgefüge eines Unternehmens haben können, zeigt die folgende Grafik. Das ermittelte Ergebnis zeichnet ein ernüchterndes Bild vom leichtfertigen Umgang mit Konflikten innerhalb von Unternehmen.

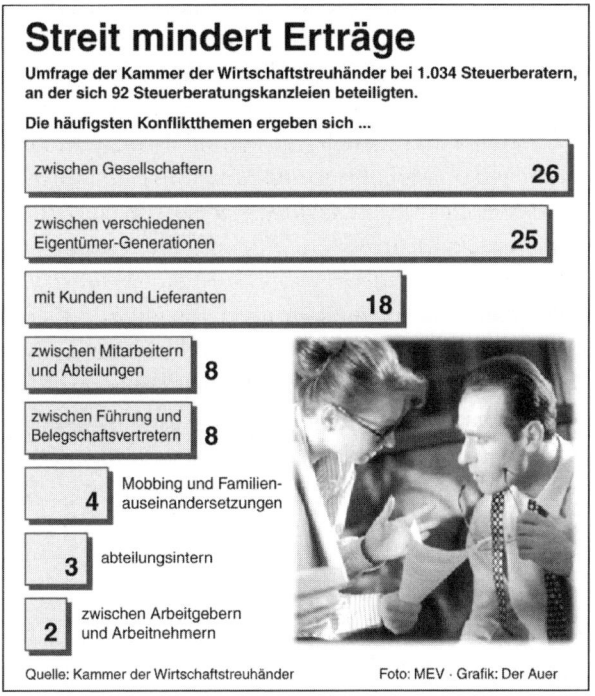

Abb. 2-8: Konflikte als ertragsmindernde Faktoren

---

2 Steinbrück, Ralf in GmbH Rundschau Heft 10/99: „Wo gestritten wird, schwinden die Erträge".

Konflikte im Unternehmen können auch gut organisierte Firmen schädigen. Wenn sich Geschäftsführer, Gesellschafter und Mitarbeiter gegenseitig aufgrund unterschiedlicher Auffassungen bekriegen, leidet die Ertragskraft. In ernsten Fällen - wenn die Interessengegensätze nicht gelöst werden und sich über Jahre hinziehen - kann dies zur Insolvenz von Unternehmen führen. Dies ergab eine Umfrage der Kammer der Wirtschaftstreuhänder bei 1.034 Steuerberatern, an der sich 92 Steuerberatungskanzleien beteiligten.

Streit zwischen Gesellschaftern (26 % der Nennungen) und verschiedenen Eigentümer-Generationen (25 % der Nennungen) sind nach der Analyse der österreichischen Steuerberater die häufigsten Konfliktthemen in Unternehmen. Es folgen Schwierigkeiten mit den Kunden und Lieferanten (18 %), zwischen einzelnen Mitarbeitern oder Abteilungen (8 %) sowie zwischen Führung und Belegschaftsvertretern (8 %). Mobbing (4 %), Familienauseinandersetzungen (4 %), abteilungsinterne (3 %) sowie Konflikte zwischen Arbeitgebern und Arbeitnehmern (2 %) spielen aus Sicht der Steuerberater eine geringere Rolle. Trotzdem sollten sie nicht unterschätzt werden, denn vielfach dringt die Brisanz nicht bis zur Geschäftsführung vor.

Die negativen Auswirkungen ungeregelter Streitfälle in Unternehmen haben ernste Langzeiteffekte: Ein großer Teil der österreichischen Steuerberater hat die Erfahrung gemacht, dass Unternehmen in Extremfällen an solchen Konflikten sogar zugrunde gehen können (...)

Gerd Hagemeier findet sich bei den 18% wieder. Ihn interessiert nun, welche Konfliktmanagement-Methoden es überhaupt gibt, und welche in der Latona GmbH angewendet würden.

Konfliktmanagement mit Mediation 67

2. Konfliktmanagement-Methoden

Anwältin Baumann präsentiert die von ihr zusammen getragene Tabelle mit den wichtigsten Konfliktmanagement-Methoden, geordnet nach der Einflussmöglichkeit seitens Dritter. Sie habe dabei bewusst zwischen Ziel und Ergebnis unterschieden, erläutert sie, wobei Ziel die abstrakte Idee bedeute, während Ergebnis die praktikable Umsetzung verkörpere.

Sie übergibt Gerd Hagemeier die Tabelle, zu der sie die einzelnen Verfahren und deren Besonderheiten kurz definiert.

Zunahme des Einflusses Dritter ↑	Wichtige Personen	Ziel	Ergebnis
Gerichtsverfahren	Gericht und Parteien	Gesetzes- oder Vertragskonformität	Urteil oder Vergleich
Schiedsgerichtsverfahren	Schiedsgericht und Parteien	Einigung	Bindender Schiedsspruch
Schlichtungsverfahren	Schlichter und Beteiligte	Einigung oder Schaffung einer Klagemöglichkeit bei den Amtsgerichten	Protokollierte Einigung oder Zeugnis über einen erfolglosen Schlichtungsversuch
Konfliktmanagement als Verfahren	Konfliktmanager und Beteiligte	Findung einer Übergangslösung	Fortführung bzw. Beendigung eines Projekts
Mediation	Mediator und Medianten	Konsensfindung	Bindender Vertrag
Moderation	Moderator und Beteiligte	Ergebnisfindung	Beliebiges Ergebnis
Arbeitskampf	Tarifparteien	Kompromissfindung	Bindende Einigung
Bilaterale Verhandlung	Verhandlungspartner	Einigung	Vertrag
Rechtsberatung	Rechtsanwalt und Mandant	Aufklärung über Rechtsansprüche	Einschätzungsmöglichkeit der Rechtsposition
Coaching und Supervision	Coach/Coachee Supervisor/ Teilnehmer	Erkenntnisgewinn und Motivation zur Umsetzung	Erweiterung der Kompetenz

Abb. 2-9: Wichtige Personen, Ziele und Ergebnisse verschiedener Streitlösungsverfahren

Gerichtsverfahren

Das Gerichtsverfahren ist ein strukturierter sowie formalisierter Prozess nach gesetzlichen Regelungen wie ZPO, StPO etc. Das Ergebnis kann entweder ein Urteil oder, zumindest für das Zivilverfahren, ein Vergleich sein. Der Vergleich ist in aller Regel ein Kompromiss, kein Konsens. Er ist gekennzeichnet von gegenseitigem Aufeinanderzugehen unter gegenseitigem Nachgeben. Für den Kläger ist der Beginn des Verfahrens frei wählbar, der Beklagte wird sich gezwungenermaßen damit auseinandersetzen müssen. Die eigene Entscheidungsmacht reduziert sich auf den Vergleich, dessen Inhalt durch die Klage vorbestimmt ist. Die Entscheidungskompetenz liegt beim Gericht, nicht bei den Parteien. Sie ist bindend, kann aber in der nächsthöheren Instanz im Rahmen von gesetzlichen Vorschriften angegriffen werden.

Schiedsgerichtsverfahren

Auch das Schiedsgericht fällt eine bindende Entscheidung. Diese ist endgültig, da sie gerade nicht in der nächsthöheren Instanz in Frage gestellt werden kann. Das Schiedsgericht setzt sich in der Regel aus drei Personen zusammen: Einem Rechtsexperten mit spezifischen Branchenkenntnissen und zwei Fachleuten aus der jeweiligen Branche. Die Fachleute werden jeweils von einer Seite benannt und der dritte Schiedsrichter von den beiden zuvor gewählten Richtern oder von einer neutralen Stelle (z.B. IHK). Der Vorteil gegenüber dem Gerichtsverfahren liegt in der Schnelligkeit und der Möglichkeit unmittelbar international zu vollstrecken. Die meisten Verfahren beginnen aufgrund einer vertraglich vereinbarten Schiedsgerichtsklausel.

Schlichtungsverfahren

Schlichtung ist in zwei grundsätzlichen Ausprägungen möglich. Zum einen kann damit ein Verfahren gemeint sein, das aufgrund der bundesgesetzlichen Regelungen des §15a EGZPO es den Ländern ermöglicht hat, ein Schlichtungsgesetz zu erlassen, wovon die meisten Bundesländer Gebrauch gemacht haben.

Zum anderen gibt es Schlichtung als Verfahren, bei dem vorwiegend Laien vermittelnd tätig werden. Beispielsweise gibt es in Hessen die Einrichtung der Schiedsmänner und -frauen, die unentgeltlich in Konflikten vermitteln. Dabei handelt es sich oft um Streits, wie beispielsweise Nachbarschaftsstreitigkeiten, die sinnvoller und günstiger auf diese Weise geregelt werden, als ausschließlich im Rahmen juristischer Ansprüche.

Beiden Verfahren ist gemeinsam, dass der Schlichter Vorschläge unterbreiten kann, jedoch keine Entscheidungskompetenz besitzt.

Konfliktmanagement als Verfahren

Konfliktmanagement als Methode meint sämtliche Handlungen, die erforderlich sind, um ein Projekt, bei dem Probleme aufgetreten sind, fortführen oder beenden zu können. Probleme in diesem Zusammenhang sollen als Vorstufe zum Konflikt verstanden werden. Der Konfliktmanager analysiert die Situation und veranlasst direktiv die notwendigen Maßnahmen. Die Entscheidungen werden top-down durchgesetzt, nötigenfalls mit Zwangsmitteln. Der Konfliktmanager soll rasch und ergebnisorientiert handeln. Die beteiligten Personen stehen demzufolge deutlich im Hintergrund.

Mediation

Die Mediation kann wie ein Schiedsgerichtsverfahren aufgrund einer vertraglich vereinbarten Mediationsklausel beginnen. Ebenso möglich ist der Ad-hoc Einstieg, zu dem sich die Beteiligten entscheiden. Mediation ist ein strukturiertes und vertrauliches Verfahren, bei dem ein Konsens, die sogenannte win-win-solution, angestrebt wird. Nach bisher vorliegenden Erfahrungswerten wird eine solche positive Lösung in mehr als 80% der Fälle erreicht. Die Verfahrensleitung obliegt dem Mediator. Methodisch bedient er sich sämtlicher Kommunikations- und Moderationsmethoden. Er ist neutraler Dritter, strukturiert den Ablauf, verfügt jedoch über keine Entscheidungskompetenz. Durch die hohe Flexibilität des Verfahrens liegt es an den Parteien, wie rasch es zu einem Ergebnis kommt, auf das sie inhaltlich, wie bei bilateralen außergerichtlichen Verhandlungen, vollen Einfluss haben.

Arbeitskampf

Der Arbeitskampf ist das von den Tarifparteien organisierte und durchgeführte Mittel, um tarifvertragliche Forderungen durchzusetzen. Selbst ohne eigenständige rechtliche Grundlage wird die Zulässigkeit des Arbeitskampfes nicht angezweifelt, und wird als Ausgestaltung der Koalitionsfreiheit angesehen, die in Art. 9 GG verfassungsrechtlich geschützt ist. Auf Arbeitnehmerseite bildet der Streik die wichtigste Arbeitskampfmaßnahme. Für die Arbeitgeber sind die Aussperrung, die Betriebs- oder Teilbetriebsstillegung sowie u. U. die Gewährung von Streikprämien als Reaktionsmöglichkeiten anerkannt.

Bilaterale Verhandlung

Verhandlungen finden zwischen mindestens zwei Beteiligten statt und zielen auf ein Ergebnis. Bei kooperativen Verhandlungen wird ein Konsens gesucht, bei konfrontativen ein Sieg. Kooperative Verhandlungen können strukturiert nach dem Harvard-Konzept durchgeführt werden. Auch kürzere Besprechungen zwischen mindestens zwei Personen können als Verhandlung definiert werden, wenn das Ziel die Findung eines Ergebnisses ist. Verhandlungen sollten hinsichtlich ihrer Themenstellung, der Beteiligten und des gewünschten Ergebnisses vorbereitet werden, um effektiv durchgeführt werden zu können. Es gilt die Grundregel, dass je besser eine Verhandlung vorbereitet ist, umso rascher und effizienter das gewünschte Ergebnis erzielt wird.

Moderation

Die Aufgabe des Moderators besteht darin, eine Gruppe zu dem vorher definierten Ziel durch prozessleitende, jedoch nicht inhaltliche Maßnahmen zu führen. Dazu sammelt er Themen und strukturiert diese. Ziele sind in der Regel die Ergebnisfindung für anstehende Aufgaben im Unternehmen, Kooperationsmöglichkeiten oder die Sammlung kreativer Ideen in Verbindung mit der Suche nach sinnvollen Einsatzmöglichkeiten. Moderation nutzt insbesondere sämtliche möglichen Visualisierungstechniken wie z. B. Flipchart, Meta-Plan mit Karten, etc.

Rechtsberatung

Rechtsberatung dient der Schaffung von Klarheit über die eigene rechtliche Situation. Dies bedeutet, dass der Beratene im Anschluss um seine grundsätzlichen Ansprüche weiß, wie er sie vertraglich absichern kann, bzw. wie er sie gegebenenfalls bei Gericht durchsetzen könnte, und welche Konsequenzen ein gerichtliches Verfahren hätte.

Mediation kann durch die Rechtsberatung der Anwälte unterstützt, aber auch behindert werden. Dies hängt zum einen vom Wissensstand des Anwalts über das Verfahren der Mediation ab, als auch von seiner Einstellung, ein solches Verfahren bei der Evaluierung der geeigneten Konfliktlösungsmethoden in Betracht zu ziehen. Ausgehend von einem kompetenten Rechtsanwalt, der für seinen Mandanten die beste Vorgehensweise vorschlagen möchte, kommen drei wichtige Handlungsbereiche in Frage:

Begleitung der Mediation durch den Rechtsanwalt

Pre-Mediation	Main Mediation	Post-Mediation
Übliche Beratung im Vorfeld zur Klärung der Ansprüche, Darstellung etwaiger Probleme, Hinweis auf mögliche Ausgänge eines Gerichtsverfahrens oder anderer Vorgehensweisen.	Beratung des Mandanten während der Mediation sowie aktive Mitarbeit.	Ausarbeitung der Mediationsvereinbarung sowie Unterstützung bei deren Umsetzung.

Abb. 2-10: Wie kann Mediation durch Rechtsanwälte begleitet werden?

Hierzu erwähnt Rechtsanwältin Baumann ihren Fragenkatalog, den sie immer als Leitlinie für Gespräche mit Gerd Hagemeier und anderen Mandanten verwendet. Dadurch wird verhindert, dass wesentliche, zieldienende Informationen unberücksichtigt bleiben. Gerd Hagemeier schmunzelt, so hatte er die Fragen noch nicht betrachtet. Er nimmt das Faltblatt erneut zur Hand und liest:

Fragen	Zielrichtung
Welche Ausgangssituation liegt vor?	Ein präzise Darstellung des Sachverhalts dient der pragmatischen Bewertung und der Bildung einer Basis für die nachfolgenden Schritte.
Welche Ziele sollen verfolgt werden?	Aus der Definition der Ziele leiten sich die geeigneten Verfahren ab.
Welche Ansprüche hat der Mandant bzw. die Gegenseite?	Sammlung der durchsetzbaren Ansprüche und Abstimmung der Argumentation. Zusammenstellung der notwendigen Beweise und mögliche Reaktionen auf optionale Gegenbeweise.
In welchem zeitlichen Rahmen soll oder muss eine Lösung vorliegen?	Klärung der Eignung der Vorgehensweise nach temporären Aspekten. Formalisierte Verfahren dauern oft länger.
Was sind die Schlüsselfaktoren bei der Entscheidung, ob und wann eine Einigung erfolgen kann?	Findung von Alternativen innerhalb des eigenen Einflussbereichs.
Was benötigt die andere Seite um die Optionen zur Einigung bewerten zu können?	Gedankliche Ausrichtung auf die Problemlösung.

Abb. 2-11: Fragen zur Bewertung einer potenziellen Mediation

Coaching und Supervision

Supervision und Coaching sind ähnliche Begriffe mit nicht immer eindeutigen Abgrenzungen. Beide Verfahren sind sehr ähnlich in ihren angestrebten Zielen und angewandten Methoden, so dass sie hier zusammengefasst werden.

Beide Verfahren sind eine zeitlich begrenzte, personenbezogene sowie vertrauliche Förderung von Einzelpersonen oder Teams. Hauptaugenmerk ist es, die zunehmende Komplexität des Arbeitsumfeldes besser zu bewältigen und gegebenenfalls verloren gegangene Handlungsfähigkeit wieder zurück zu gewinnen. Ein Coach/Supervisor wird insbesondere bei sensiblen und wichtigen Entscheidungen im Unternehmen oder in kritischen persönlichen Lebensphasen in Anspruch genommen.

Auf die vorher aufgeworfene Frage von Gerd Hagemeier, welche der Konfliktmanagement-Methoden in der Latona GmbH angewendet würden, antwortet die Rechtsanwältin, „Gerichtsverfahren, in einigen Fällen aufgrund einer entsprechenden Klausel im Vertrag auch Schiedsgerichtsverfahren – sofern es um Probleme mit Externen ginge. Wegen der internen Konflikte hätte sie sich in der Personalabteilung, beim Betriebsrat und im Bereich Sozailes erkundigt. Hier wurden ihr die Methoden der Moderation bei großen Veranstaltungen und das Coaching bei Führungskräften, allerdings nur sehr eingeschränkt, benannt.

Gerd Hagemeier möchte ein Leitungsteam zusammenstellen, das Vorschläge machen soll, welche Verfahren und Methoden zukünftig gewinnbringend eingesetzt werden könnten. Dabei solle besonders die Mediation fokussiert werden. Hierzu schlägt Rechtsanwältin Baumann vor, auch die Exempla GmbH mit „ins Boot zu holen", damit Erfahrungen aus verschiedenen Bereichen einfließen können. Die Idee gefällt dem Geschäftsführer Hagemeier besonders, da er auf diese Weise zukunftsorientiert mit Rolf Neufeld zusammen arbeiten könne. Er greift sofort zu seinem Mobiltelefon und schlägt Rolf Neufeld das Projekt „Prävention durch Mediation" vor. Der Geschäftsführer Neufeld stimmt spontan zu und verspricht, sich mit seinem Anwalt Thomas Melzer abzustimmen und ebenfalls ein Projektteam zusammen zu stellen. Zur ersten Sitzung sollen von allen Projektteamteilnehmern Informationen über Mediation zusammen getragen werden. Er ginge davon aus, dass die Personalabteilung andere Beiträge haben würde, als die Rechtsabteilung. Man verständigt sich auf einen ersten Termin bei der Latona GmbH in vier Wochen.

3

Erfolgsfaktoren und Konzept der Mediation

Unsere Zweifel sind Verräter. Sie halten uns oft davon zurück, einen Versuch zu wagen, und damit machen sie uns oft zum Verlierer, wo wir doch gewinnen könnten.
William Shakespeare

Zum ersten Treffen des neuen Projekts „Prävention durch Mediation", zu dem die Latona GmbH eingeladen hat, ist eine Fülle von Information zusammengetragen worden. Nach einer ersten Sichtung werden folgende Themenbereiche eingeteilt.

Vorteile der Wirtschaftsmediation, Vorarbeiten, phasengesteuerter Ablauf und die abschließende Nachbereitung.

1. Vorteile der Wirtschaftsmediation

Die für die Praxis wesentlichen Vorteile schreibt Susanne Baumann aus der Fülle der Informationen als Hauptpunkte als einer Mind Map auf ein Flipchart.

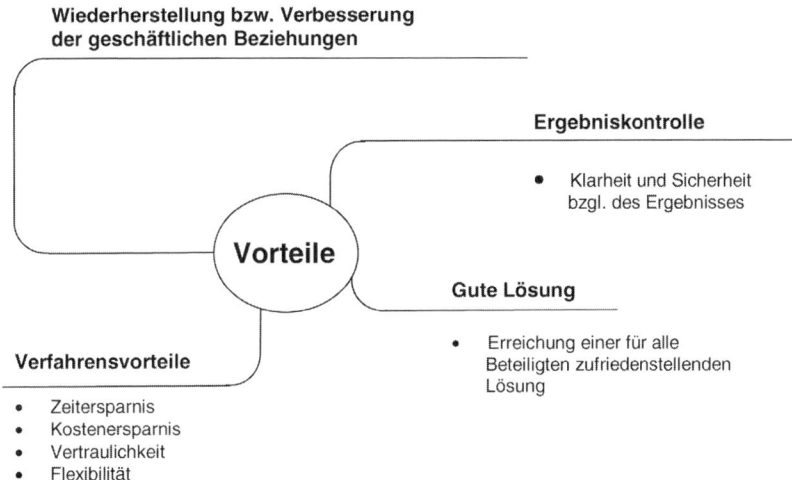

Abb. 3-1: Mind Map der Vorteile der Wirtschaftsmediation

Welche Vorteile den Ausschlag geben, Mediation als Verfahren zu wählen, hängt vom jeweiligen Einzelfall ab. In der Regel werden im Bereich der Mediation zwischen Menschen rasche, kostengünstige Lösungen angestrebt, wobei der Konflikt gegenüber der Konkurrenz vertraulich bleiben soll. Im Bereich der Inhouse-Mediation wird auf die Wiederherstellung eines produktiven Arbeitsklimas fokussiert.

Ergebniskontrolle

Thomas Melzer, der Anwalt der Exempla GmbH führt weiter aus: Die Mediation ist mit Blick auf die Ergebniskontrolle mit einer Vertragsverhandlung vergleichbar. Grundsätzlich ist keiner der Teilnehmer gezwungen, mit dem oder den jeweils Anderen einen Vertrag abzuschließen. Er wird es tun, wenn seine sonstigen Alternativen ein schlechteres Ergebnis bringen würden als das Vertragsergebnis. Der Druck durch die wirtschaftliche Lage, der dabei eine Rolle spielt, betrifft die Beteiligten unabhängig von der Gesprächsart, Verhandlung oder Mediation.

In der Mediation sind die Beteiligten allerdings nicht dem Risiko ausgesetzt, dass ein Gericht so entscheidet, wie sie es auf gar keinen Fall wünschen. Die Parteien können die in der Mediation zu regelnden Punkte selbst bestimmen. Erst, wenn alle Bedenken ausgeräumt und alle Abwägungen getroffen sind, und jede Seite wirklich mit dem Ergebnis zufrieden ist, ist ein Konsens erreicht. In der Wirtschaft geht es in der Regel um ein „Lösungspaket", welches als Ganzes mit allen wirtschaftlichen Implikationen beurteilt wird. Diese Betrachtungsweise liegt dem Wirtschaftsunternehmen viel näher als rein juristische Abwägungen, inwieweit ein bestimmter Anspruch gegeben und nach der Beweislage durchsetzbar sei.

In diesem Punkt sind sich Hagemeier und Neufeld einig. Diesmal schmunzeln die Anwälte.

Erreichen einer für alle Beteiligten zufriedenstellenden Lösung

Täglich wird unter verschiedensten Bedingungen mit höchst unterschiedlichen Ausgängen verhandelt. Grundsätzlich kann man drei unterschiedliche Arten des Verhandelns beobachten.

Der Regelfall ist das konfrontative Verhandeln. Der Sieg für die eine Seite bedeutet den Verlust für die andere. Diese destruktive Methode gipfelt in der Variante, dass beide verlieren. Ihre Auswirkungen kommen in erster Linie dadurch zustande, dass Kooperation als rückgratlos missverstanden und damit als Schwäche interpretiert wird. Im Gegensatz dazu ist kooperatives Verhandeln im Sinne des Harvard-Konzeptes ein strukturiertes Vorgehen mit Techniken, welche nur von wenigen beherrscht werden.

Hinter der Mediation steht – wie beim Harvard-Konzept – der Gedanke von Fair Play und der Versuch, den anderen Beteiligten zu verstehen, indem man sich in ihn hineinversetzt. Die Parteien sprechen miteinander in einem Klima, das von vorne herein auf die Lösung des Konflikts in einer für beide Seiten akzeptablen Weise ausgerichtet ist. Die Mediation berücksichtigt, dass die Parteien eventuell für eine lange Zeit funktionierende Geschäftsbeziehungen unterhielten und greift diese Basis für die Lösungsfindung auf. Aufgrund der Tatsache, dass beide Seiten die gefundene Lösung selbst erarbeitet haben, werden sie sie langfristig akzeptieren und auch einhalten. Diese Lösung stellt somit einen Konsens im Gegensatz zu einem Kompromiss dar. Ein Kompromiss wird erreicht durch ein gegenseitiges a ufeinander Zubewegen in einem begrenzten Feld.

Thomas Melzer zeichnet zur Verdeutlichung auf ein Flipchart:

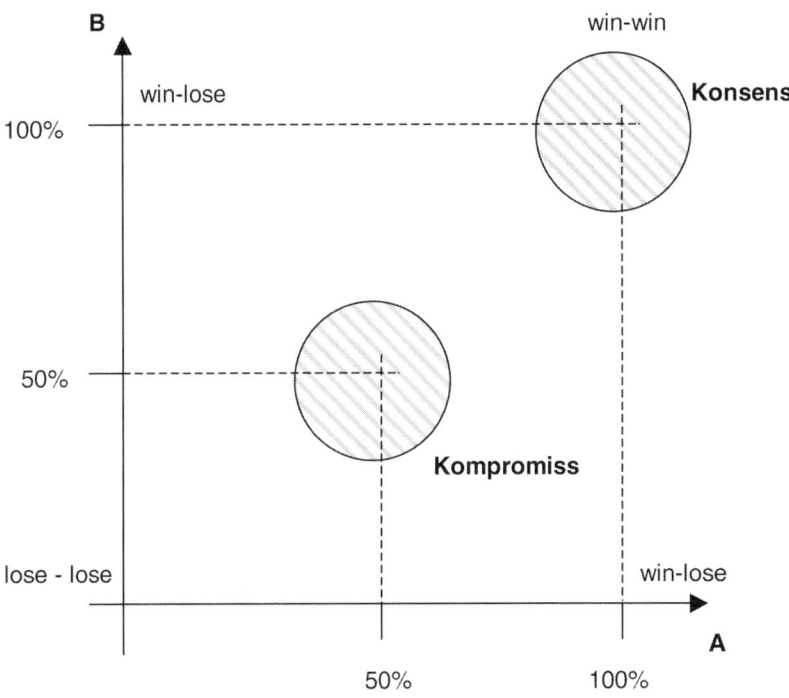

Abb. 3-2: Konsens-Kompromiss-Matrix

Die Bereiche um den Kompromiss und den Konses schaffriert er, da der Kompromiss nicht immer exakt in der Mitte liegt, und auch der Konsens nicht punktuell ist.

Ein Konsens, die sogenannte win-win-solution, entsteht in der kreativen Vielfalt der vorher eruierten Optionen mit anschließender Überprüfung ihrer jeweiligen Realisierbarkeit. Vergleichend könnte gesagt werden, dass der Kompromiss ein „Anzug von der Stange" sei, und der Konsens den „Maßanzug" verkörpere.

2. Mediation als Innovation

Mediation ist eine Konfliktmanagement-Methode. Das Herausragende an ihr ist ihre Flexibilität in der Verfahrensgestaltung. Ihr liegt eine Struktur zugrunde, die als Verhandlungsmodell wissenschaftlich untersucht und als „Harvard-Konzept" in der Praxis vertieft wurde, ergänzt Susanne Baumann.

Abb. 3-3: Harvard-Konzept

Mediation ermöglicht die Durchführung des Harvard-Konzeptes mit dem Mediator als Leiter des Prozesses, den Teilnehmern als Verhandler und Entscheider und ggf. den Beratern in eben dieser Funktion.

Mediation bedeutet eigenverantwortliche Lösung

Sich auf eine Mediation einzulassen bedeutet nicht, einer bestimmten, möglicherweise vorgefassten, Lösung zuzustimmen, sondern ein Verfahren zu wählen, das die Kernelemente von Verhandlung und Moderation vereint. Die Mediationsteilnehmer sind frei und eigenverantwortlich in der Gestaltung ihrer eigenen Lösung. Der Mediator ist Katalysator, er strukturiert den Ablauf der Mediation, beeinflusst jedoch nicht deren Ergebnis.

Wiederherstellung bzw. Verbesserung der Geschäftsbeziehungen

Aufgrund des Verständnisses für die jeweils andere Seite, das durch die Mediation gewonnen wird, kann eine unter Spannungen stehende Geschäftsbeziehung entkrampft und durch die Orientierung auf die Zukunft deutlich verbessert werden. Ein Unternehmen, das sich einem Gerichtsverfahren ausgesetzt sieht, wird die Geschäftsbeziehungen üblicherweise abbrechen. Dabei verlieren in der Regel beide (Streit-)Parteien.

Die Durchführung des Mediationsverfahrens führt auf beiden Seiten zu mehr Verständnis für die wirtschaftliche Situation des jeweils anderen Unternehmens oder der anderen Personen sowie zu mehr Verständnis für die Beweggründe der zunächst vertretenen Positionen, bestätigt die Personalchefin der Latona GmbH.

Hier lächeln sich die Geschäftsführer der Exempla GmbH und der Latona GmbH zu. Ihre Blicke schweifen in die Runde – Lächeln und Nicken werden von allen erwidert.

Da die Mediation ein strukturiertes und zugleich flexibles Verfahren ist, können alle diejenigen daran beteiligt werden, auf die sich der Konflikt auswirkt. Gerade bei Schwierigkeiten auf Personalebene kann im Mediationsverfahren ein ganzes Beziehungsgeflecht erfasst werden, was in einem Gerichtsverfahren unmöglich wäre. Die Beteiligten befassen sich in der Mediation nicht mit den Problemen, die sie trennen, sondern mit Lösungen, die sie wieder zusammenführen.

Bei einer Mediation werden enorme Kreativitätspotenziale freigesetzt, die es erlauben, mit einem vermeintlichen Gegner neue Aktivitäten umzusetzen. Dadurch wird gleichermaßen die Produktivität des Unternehmens nach außen, sowie auch die Motivation für die Mitarbeiter nach innen gesteigert.

Verfahrensvorteile

Zeitersparnis

Zeit stellt einen extrem wichtigen Kostenfaktor in einem Unternehmen dar. Zeit, die für unproduktive Arbeiten aufgewandt wird, fehlt dem Unternehmen für seine originären Aufgaben wie Kundenakquisition, Auftragsakquise, Sicherung der Unternehmensstabilität sowie Steigerung der Produktivität.

In bestimmten Branchen ist es besonders wichtig, bei Konflikten schnell eine Lösung zu finden. So ist es im gesamten Software-Bereich in Anbetracht der rasch fortschreitenden Entwicklung sinnvoll, in einem Mediationsverfahren zu einer außergerichtlichen Einigung zu kommen, anstatt jahrelang durch die Instanzen zu streiten, da die Software-Produkte schneller veralten, als ein Urteil selbst in beschleunigten Verfahren erstritten werden kann. Somit gelangt man in diesem unbürokratischen, aber strukturierten Verfahren entsprechend zügig zu einem konkreten Ergebnis.

In der Mediation organisiert der Mediator bzw. das Mediationsinstitut kurzfristig einen ersten Termin mit der anderen Seite. Das kann bei Angelegenheiten, die große zeitliche Brisanz haben, schon innerhalb weniger Stunden oder Tage der Fall sein. Bei der Vorbereitung klärt der Mediator ab, welche Personen teilnehmen sollen und welche Unterlagen dafür benötigt werden. Je nach Kooperation der Beteiligten kann eine Mediationsvereinbarung bereits in einem Termin oder binnen weniger Sitzungen im Abstand einiger Tage erreicht werden. Im Gegensatz dazu ist das gerichtliche Verfahren enorm langwierig.

Kostenersparnis

Die Mediation ist fast immer kostengünstiger als ein Gerichtsverfahren, fügt Geschäftsführer Neufeld hinzu. Neben der vordergründigen Einsparung von Gerichts- und Anwaltskosten spielen die insgesamt kürzere Dauer, die sich wiederum auf die Kosten auswirkt und die Einsparung von *manpower* eine gewichtige Rolle. Mitarbeiter, die sonst mit dem Gerichtsverfahren, der Informationsbeschaffung und -weitergabe beschäftigt wären, können sich nach einer erfolgreichen Mediation unverzüglich wieder auf ihre eigentlichen Aufgaben konzentrieren.

Darüber hinaus sind es die indirekten Kosten, die mit dem Verlust von Kunden und/oder dem Ruf in der (Markt-)Gemeinschaft verbunden sind, sowie andere ungeplante finanzielle Einbußen, die aus Streitigkeiten innerhalb eines Unternehmens oder mit anderen Unternehmen resultieren, Faktoren, die eine Mediation vorteilhaft machen. Ein nicht fassbarer Kostenpunkt, den das Unternehmen berücksichtigen sollte, sind die „emotionalen Kosten" formaler Verfahren: Unternehmer oder Mitarbeiter, die in lang andauernde Verfahren eingebunden sind, werden damit von ihren eigentlichen Aufgaben oder Verpflichtungen abgelenkt und erleiden mentalen und physischen Stress, der ihre Arbeitsleistung negativ beeinflusst.

Zur Anschauung bringt Anwalt Melzer folgendes Beispiel: „Das CPR Institut in New York, eine Organisation zur Förderung von Mediation, getragen von 500 großen Unternehmen, Anwaltskanzleien und Rechtsfakultäten, errechnete für 681 US-Firmen, die über CPR im Zeitraum von 5 Jahren Mediation in Anspruch genommen haben, eine Einsparung an Verfahrenskosten von insgesamt 211 Mio. US Dollar, pro Unternehmen im Schnitt 310.000 US Dollar."

Die Geschäftsführer Hagemeier und Neufeld nehmen dieses Beispiel aus den USA zur Kenntnis, sind der Meinung, dass man für deutsche Verhältnisse eigene Berechnungen anstellen müsse. Rolf Neufeld geht sogar noch einen Schritt weiter. Ihn würde die Kostenersparnis in Deutschland weniger interessieren, als in seinem eigenen Unternehmen. Er bittet in Richtung seiner Mitarbeiter um eine entsprechende Aufstellung. Auch Gerd Hagemeier hält das für sinnvoll und beauftragt seine Mannschaft.

Vertraulichkeit

Im Wirtschaftmediationsverfahren ist sichergestellt, dass nur die Beteiligten Kenntnis über den Konflikt, das Verfahren und die Lösung erhalten. Imageverluste, die entstehen können, wenn ein Unternehmen vor Gericht verklagt wird oder selbst klagt und dadurch sowohl die Konkurrenz, als auch Kunden von den Schwierigkeiten und Konflikten erfahren, werden im Mediationsverfahren auf Null reduziert. Der Druck von außen fällt demzufolge zur Gänze weg, liest Baumann aus den von allen gesammelten Information vor.

Eine Ausnahme zur vereinbarten Vertraulichkeit liegt dann vor, wenn *alle* Beteiligten die erfolgreiche Durchführung eines Mediationsverfahrens in der Öffentlichkeit zu Marketingzwecken darstellen wollen. Bereits die Aufgeschlossenheit einem Verfahren gegenüber, das zukunftsorientiert, schnell, flexibel und kostengünstig ist, lässt positive Rückschlüsse auf andere Aspekte des Unternehmens zu.

Diesen Ansatz findet Bernd Weiß von der Marketingabteilung der Exempla GmbH spannend. Er will sich mit seinem Team darüber Gedanken machen und in der nächsten Projektsitzung berichten, die in sechs Wochen stattfinden soll.

Flexibilität

Die Flexibilität gilt für die Gesamtdauer des Mediationsverfahrens. Termine können ganz nach den Bedürfnissen der beteiligten Unternehmen oder Personen festgelegt werden. Ebenso, wo und wie lange diese Treffen stattfinden sollen. Spontane, unvorhergesehene oder für das Unternehmen unaufschiebbare Termine können hierbei berücksichtigt werden. Zur Verschiebung eines Gerichtstermins dagegen, müssten entsprechende Anträge gestellt und Begründungen für die Verschiebung geliefert werden, die vom Gericht nicht unbedingt akzeptiert werden müssen.

Eine Mediation kann zu jedem Zeitpunkt eines Konflikts begonnen werden: Selbst, wenn die Konfliktpartner bereits kurz vor dem Entschluss stehen, mit ihrem Streit vor Gericht gehen zu wollen, kann noch immer eine Mediation eingeleitet werden, die eine probatere Lösung herbeiführt. Auch nach Beginn eines Gerichtsverfahrens können die klassischen Vergleichsverhandlungen durch die Wirtschaftsmediation ersetzt werden, um eine optimierte Lösung zu erreichen, die gerichtlich protokolliert wird und damit gleich zwei Effekte vereint: Die „richtige" Lösung und die Beendigung des Gerichtsverfahrens.

Hier erinnern sich die Anwälte und die Geschäftsführer an den Prozess und die Empfehlung des Gerichts. Ohne diesen wäre es nicht zur Mediation gekommen, da die Fronten verhärtet waren, und die Befürchtung bestanden hätte, dass ein Vorschlag zur Mediation schon als Schwäche ausgelegt worden wäre. Hagemeier und Neufeld sind froh, noch in dieser späten Phase auf die Mediation eingeschwenkt zu sein.

Umsetzung der Mediationsergebnisse in eine neue Unternehmenskultur

Thomas Melzer schlägt vor, Mediationsklauseln in sämtliche künftig abzuschließende Verträge aufzunehmen und ferner die bestehenden Verträge darauf zu überprüfen, inwieweit eine Zusatzvereinbarung über Mediation getroffen werden könne.

Die Leiterin der Personalabteilung Birgit Zeitler, ergänzt noch, dass Mitarbeiter, die sich mit dem Unternehmen und seinen Werten identifizieren könnten, von sich aus motiviert wären und mit entsprechender Orientierung enorme Produktivitätssteigerungen möglich wären. Diese Philosophie, verbunden mit konstruktiver Kommunikation und kooperativem Verhandlungstraining, würde das Konzept abrunden. Susanne Baumann, die die Gesamtmoderation des ersten Projektteam-Treffens bei der Latona GmbH übernommen hat, geht an das Flipchart und trifft die Grobeinteilung in:

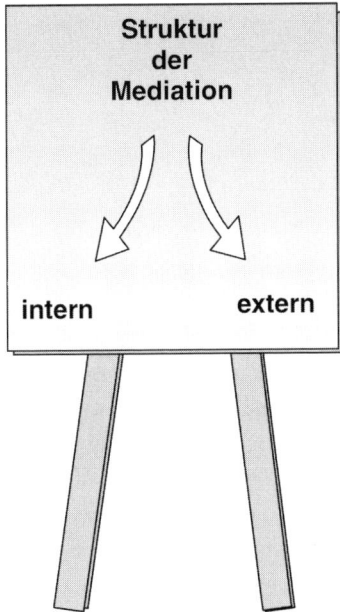

Abb. 3-4: Grundsätzliche Unterteilung der Wirtschaftsmediation im

Sie schlägt vor, das jetzige Projektteam auf diese beiden Gruppen aufzuteilen und dort firmenübergreifend weiter zu arbeiten. In der nächsten Sitzung sollen beide Gruppen berichten, damit die Vernetzung gewährleistet bleibe.

Birgit Zeitler empfiehlt weiter, eine Umfrage über die Verbesserungsmöglichkeiten aus Sicht der Mitarbeiter zu starten. Aufbauend auf der Analyse würde die Arbeitsgruppe ein Konzept entwickeln, das wiederum zusammen mit den Geschäftsführern im Projektteam besprochen werden sollte. Nachdem sich die beiden Geschäftsführer noch auf die finanziellen Bedingungen geeinigt haben, sagt Birgit Zeitler zu, zusammen mit Bernd Weiß einen Fragebogen für beide Firmen zu entwerfen.

Zusätzlich zu der Umfrage sollen Ideen-Workshops organisiert und ein Gremium installiert werden, welches diese Ideen mit der Geschäftsleitung bespricht und sich um die Umsetzung der akzeptierten Ideen kümmert. Außerdem soll der Schulungsplan für interne Kommunikation und ein Verhandlungstraining für alle diejenigen, die nach außen hin für die Exempla GmbH tätig sind, ergänzt werden. Sechs Monate später soll der Prozess evaluiert werden. Dabei könnte sich herausstellen, dass sich die Krankenstände deutlich verringert haben und eine Produktivitätssteigerung verzeichenbar ist, so hoffen alle.

3. Erfolgbestimmende Faktoren eines Mediationsverfahrens

Das Projektteam wendet sich wieder den zusammengestellten Informationen zu. Susanne Baumann trägt als Moderatorin vor und zeigt dabei die Grafiken, die ihr vom Mediationsinstitut zur Verfügung gestellt wurden.

„Neben der möglicherweise zunächst nur durch eine Klausel geregelten formalen Bereitschaft, eine Mediation durchzuführen, gibt es einige Faktoren, die einem Erfolg förderlich sind.
Zu den Faktoren zählen:

- Kommunikations- und Kooperationsbereitschaft
- Fähigkeit, Optionen zu entwickeln
- Vertrauen in die eigenen Kompetenzen

Mit der Bereitschaft, sich mit dem Konfliktpartner an einen Verhandlungstisch zu setzen und über eine gemeinsame Lösung zu sprechen, verlassen die Beteiligten alte Pfade und beschreiten neue Wege zu einer gemeinschaftlichen Zukunft."
Die Anwältin lässt die folgende Grafik erst einmal wirken.

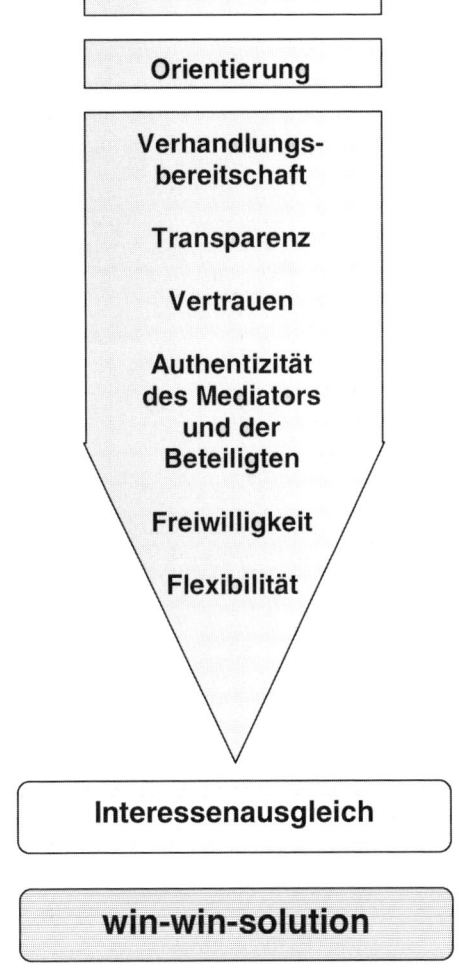

Abb. 3-5: Voraussetzungen für eine für alle Beteiligte zufriedenstellende Konfliktlösung

4. Phasen eines Wirtschaftsmediationsverfahrens

Die Moderatorin Baumann leitet das nächste Schaubild ein: „Eine Wirtschafts- oder Businessmediation unterteilt sich in drei voneinander unterscheidbare Phasen. Dieser Dreiteilung kann noch eine Initiierungsphase vorausgehen, wenn weitere Beteiligte betroffen sind."

Struktur der Mediation

Jede Phase der Mediation baut auf der jeweils vorhergehenden auf. Der Erfolg der Main-Mediation hängt von einer guten Vorbereitung ab.

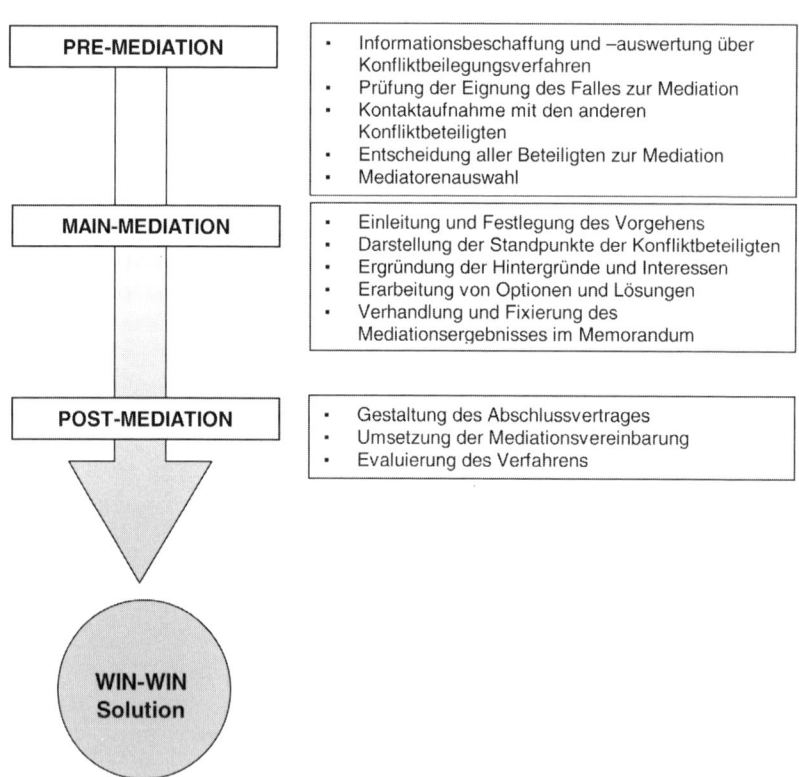

Abb. 3-6: Struktur der Mediation

Erfolgsfaktoren 87

Anwalt Melzer, ein überzeugter Verfechter des Harvard-Verhandlungskonzepts, möchte die Main-Mediation detaillierter präsentieren: „Die Struktur der Mediation ist identisch mit dem Harvard-Konzept bzw. umgekehrt." - „Das ist eben eine Frage der Perspektive", stimmt Baumann zu und verweist auf die „3", die gleichwertig als „M", „W" oder „E" gelesen werden kann.

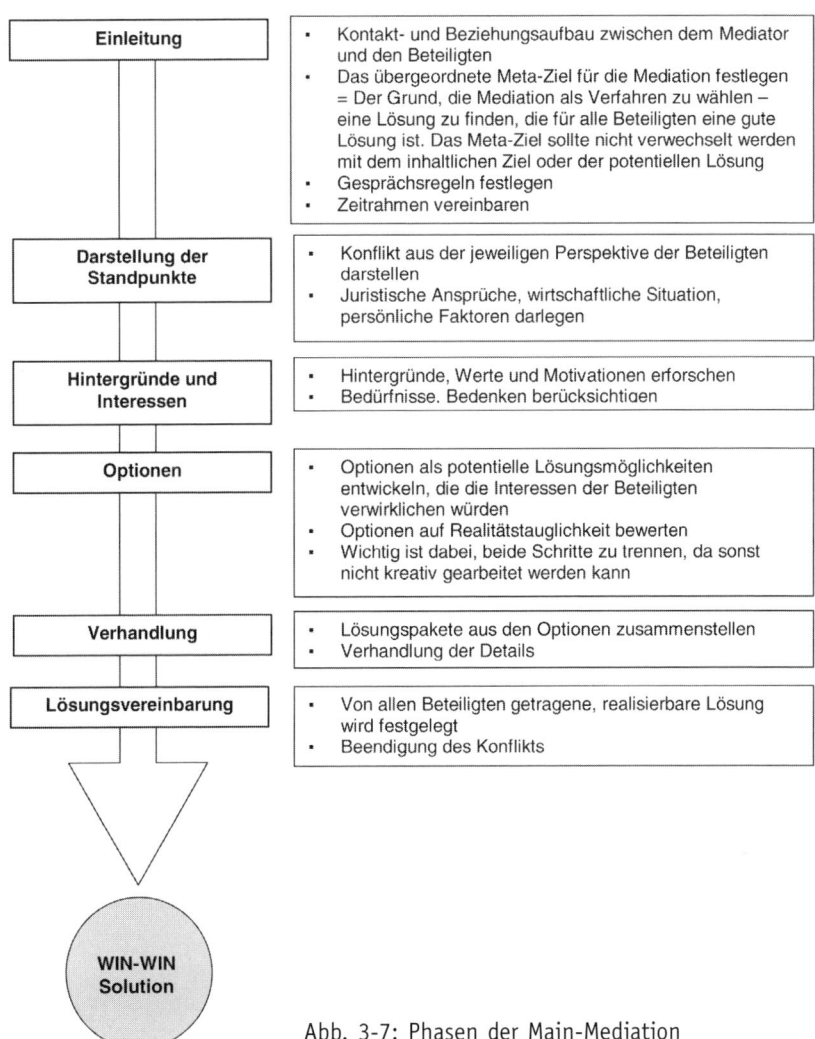

Abb. 3-7: Phasen der Main-Mediation

Nachdem in der Projektrunde bei der dritten Phase „Hintergründe und Interessen" vielfältiges Stirnrunzeln zu beobachten war, bittet Birgit Zeitler darum, diesen Punkt noch näher beleuchten zu dürfen, da sie sich im Rahmen eines Seminars zu gewaltfreier Kommunikation nach Marshall Rosenberg intensiv damit beschäftigt hätte. Sie zeichnet folgende Übersicht auf das Flipchart:

Positionen	Interessen
• Forderungen	• Motivationen und Werte
• Ansprüche	• Bedürfnisse, Sorgen, Ängste
• Sachverhalt	• Hintergründe
Meist als Vorwurf formuliert	Meist in Ich-Botschaften formuliert

Abb. 3-8: Unterschiede zwischen Positionen und Interessen

„Ah", sagt Gerd Hagemeier, „dann wären also die Dinge in einer bestimmten Form gesagt, gemeint ist jedoch etwas ganz anderes."

„Ja, und das will man nicht sagen," führt Rolf Neufeld weiter aus, „weil man sich entweder keine Blöße geben will, oder sich vielleicht sogar nicht darüber bewusst ist."

„Genau", sagen Susanne Baumann und Brigitte Zeitler wie aus einem Mund.

Die P²-Mediationsformel

Konflikte können generell nur dann abschließend gelöst werden, wenn bestimmte Randbedingungen erfüllt sind. Dazu gehört vornehmlich die Toleranz gegenüber der Sichtweise der anderen Seite. Mediation gibt Möglichkeiten vor allem für einen Wechsel der bisherigen Ansichten hin zu neuen Blickwinkeln, Auffassungen und ggf. einem veränderten Verhalten für die Zukunft.

Die P²-Mediationsformel bezieht sich auf die vier wichtigsten Wechsel, die in der Mediation kombiniert werden:

Erfolgsfaktoren

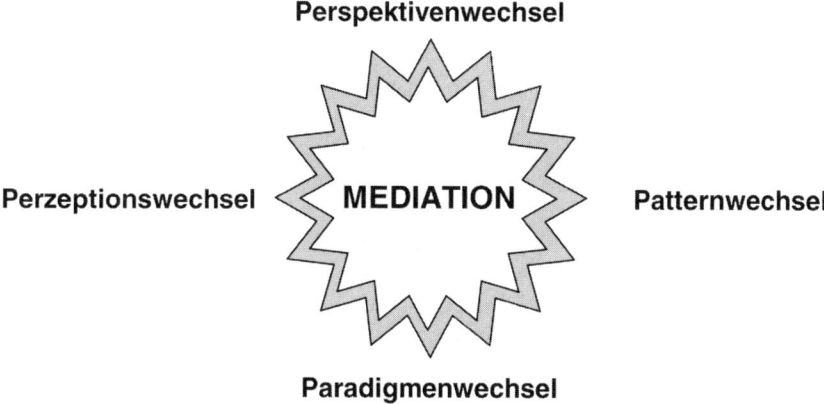

Abb. 3-9: Mediation als Bindeglied verschiedener Wechsel

- Der *Perspektivenwechsel* ermöglicht es den Beteiligten, geführt durch den Mediator, die Sichtweise des anderen Beteiligten zu erkennen und anerkennen zu können, ohne sie als gut oder schlecht zu bewerten. Anerkennen in diesem Sinne bedeutet keinesfalls auch damit einverstanden zu sein.
- Mit *Patternwechsel* ist gemeint, althergebrachte Verfahren und Handlungsweisen zu verlassen und neue zu probieren.
- Der *Paradigmenwechsel* bedingt, die bisherigen vorgefassten Denkstrukturen zu überprüfen und neue zu definieren.
- Ein *Perzeptionswechsel* sieht eine Änderung der vorhandenen Wahrnehmung bzw. eine Öffnung zu einer neuen Wahrnehmung vor.

Mediation vereint diese vier Bausteine in sich und kann die Wechselwirkungen zwischen ihnen aktivieren. Erst, wenn die Teilnehmer bereit sind, ihre bisherigen Sichtweisen zu überdenken und sich auf eine neuartige Betrachtung des Konflikts einzulassen, kann eine Mediation das ihr zugedachte Ziel erreichen.

5. Lösungen mittels der Wirtschaftsmediation

Für die Indikation von Mediation ist das Vorliegen einiger weniger Voraussetzungen erforderlich. Sind sie gegeben, kommt es auf die klare Umsetzung der involvierten Rollen des Mediators, der Beteiligten und deren Berater an.

Voraussetzungen für eine Wirtschaftsmediation

Als erstes untersucht das Projektteam die Ausschlusskriterien.

Nichteignung
• Nur eine Partei will ein Mediationsverfahren
• Zwischen den Parteien besteht ein unüberwindliches Machtgefälle
• Involvierte Behörden haben keinen Ermessensspielraum
• Es soll Rechtssicherheit für eine Vielzahl von Fällen geschaffen werden.
• Es liegen repetitive Rechtsfragen vor
• Es soll eine "Glaubensfrage" gelöst werden

Abb. 3-10: Prüfung eines Konflikts auf seine Eignung zur Mediation (Ausschlussfaktoren)

Dann werden jene Kriterien untersucht, die die Durchführbarkeit und Erfolgsaussichten einer Mediation zunehmend steigen lassen.

Eignung
• Alle Beteiligten sind verhandlungsbereit
• Das Recht ist disponibel
• Schnelles Verfahren ist erforderlich
• Vertraulichkeit ist geboten
• Eine bestehende Geschäftsbeziehung soll fortgeführt werden
• Kosteneinsparung steht im Vordergrund
• Die Kontrolle über das Verhandlungsergebnis soll nicht aus der Hand gegeben werden

Abb. 3-11: Prüfung eines Konflikts auf seine Eignung zur Mediation (Positive Faktoren)

Erfolgsfaktoren

Damit die Mediation ihre extrem hohe Erfolgsquote von über 80% wahren kann, sind im Vorfeld ungeeignete Fälle auszugrenzen. Liegt bereits einer der in der ersten Tabelle aufgelisteten Punkte vor, ist die Mediation nicht das geeignete Verfahren. Sie würde zu einem Misserfolg und damit zu einer Enttäuschung der Beteiligten führen. Nicht durch Mediation gelöst werden können ferner solche Konflikte, die auf religiösen, ethischen oder ethnischen Differenzen beruhen. Solche Konflikte können bei international auftretenden Unternehmen eine Rolle spielen. Der Umgang damit schon. Bereits der Wunsch aller Beteiligten, eine Lösung finden zu wollen, schafft den Beginn für die richtige Richtung. Dieses hält Birgit Zeitler für den betriebsinternen Bereich für besonders relevant.

Nach einer Pause erarbeitet das Projektteam den „Lösungspfeil".

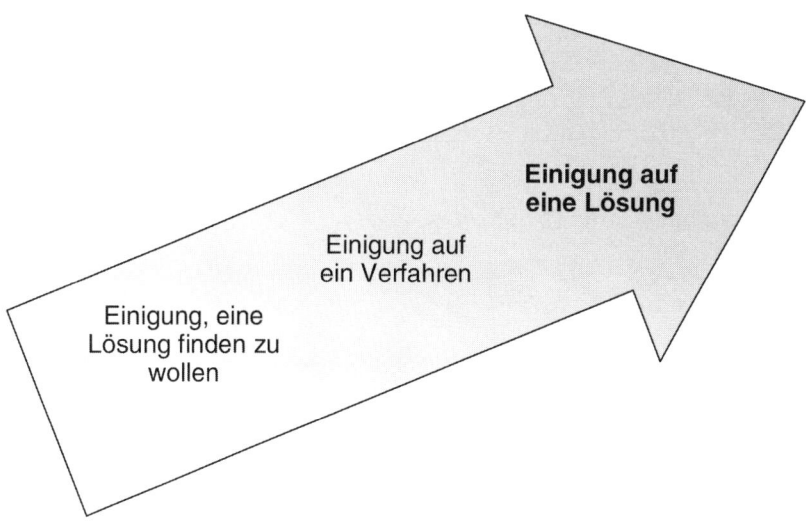

Abb. 3-12: Zielgerichtete Einigungsschritte auf dem Weg zu einer Lösung

Der Mediator

Bei der Betrachtung der Kompetenzen des Mediators ist Birgit Zeitler besonders aufmerksam, da sie überlegt, eine Mediatorenausbildung zu machen und interessierten Mitarbeitern ebenfalls die Gelegenheit dazu zu geben. Außerdem kann sie sich eine kompakte Version dieser Ausbildung zur allgemeinen Schulung von Kommunikation und Umgang für alle Mitarbeiter vorstellen.

Der Mediator sollte das Verfahren der Mediation mit seiner Struktur, seinen Techniken, aber auch den Spezifika der einzelnen Mediationsausrichtungen, beispielsweise Organisationskompetenz für große Gruppen beherrschen. Dazu kommt die Mediationsethik. Techniken lassen sich erlernen, die Ethik jedoch basiert auf der Philosophie, mit der ein Mediator agiert, sie fußt auf seiner Haltung und seinen Werten.

Die Teilnehmer des Projektteams, allen voran die beiden Geschäftsführer und die Anwälte, die aufgrund ihrer Erfahrung aus dem Mediationsverfahren zwischen der Exempla GmbH und der Latona GmbH sprechen, stellen folgende Liste zusammen.

Zu den Faktoren, die einen „guten" Mediator ausmachen, gehören:

- Soziale Kompetenz
- Kommunikationsfähigkeiten
- Verfahrenskompetenz
- Integrität
- Emotionale Stabilität
- Reife

Über das Fachwissen, das ein Mediator oder eine Mediatorin haben sollte, wird ebenso heftig diskutiert, wie über das Geschlecht und das Alter. Die Moderatorin erinnert die Teilnehmer der Projektrunde an die vereinbarte Aufteilung in interne und externe Mediation und fragt, ob sich daraus eine Klärung ergeben könnte. Nachdem dies nicht der Fall ist, einigt sich die Gruppe, dieses Thema „Mediator/Mediatorin" für die nächste Sitzung vorzubereiten. Auch der Bereich „Expertenwissen" soll so vorbereitet werden, da Anwälte als Experten bei der internen Mediation nur selten zugegen sein würden. Bestimmte Fachleute hingegen schon. Diese würden jedoch nicht unbedingt bei externen Mediationen dabei sein.

6. Zusammenfassung

Die Wirtschaftsmediation ist eine der wirksamsten Methoden, Konflikte zu lösen und eine Grundlage für die Zukunft zu schaffen. Sie versteht sich nicht als Konkurrenz zum Gericht, sondern als sinnvolle Ergänzung sowie insbesondere als Prävention dazu. Da Mediation nur möglich ist, wenn beide Seiten kooperativ sind, ist das gerichtliche Verfahren als Vorgehensweise erforderlich, wenn zumindest eine Seite diese Voraussetzung gerade nicht erfüllt.

Sowohl die Wirtschaftsmediation als Verfahren, als auch die Unternehmensführung nach mediativ-kooperativen Grundsätzen zeugen von einer modernen Unternehmenskultur. Da alle zu Gewinnern werden können, ist die Entscheidung pro Kooperation leicht. Durch die Kooperation werden kreative win-win-Lösungen möglich und bestärken das Vertrauen in das Verfahren.

4

Integration der Mediation

Die Zeit ist ein so kostbares Gut,
dass man es nicht einmal für Geld kaufen kann.
Israelisches Sprichwort

Von den Vorteilen der Mediation überzeugt, plant der Geschäftsführer der Exempla GmbH Rolf Neufeld zusammen mit seinem Anwalt Thomas Melzer und der Leiterin der Personalabteilung Karin Forster, das Grundkonzept der Wirtschaftsmediation zu einer Leitmaxime in seinem Unternehmen zu machen. Gemeinsam entwickeln sie das Vorgehen von der Vision zum Erfolg.

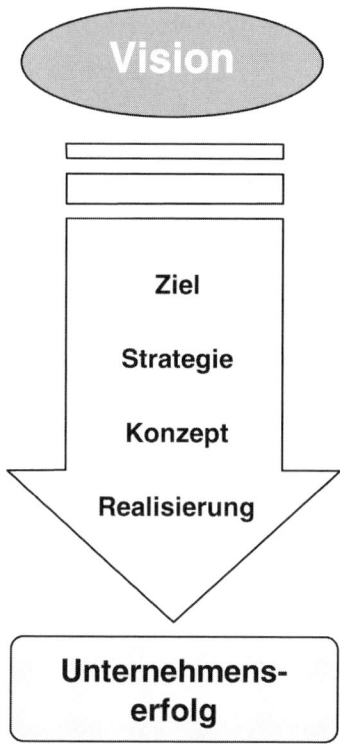

Abb. 4-1: Transformation einer Vision in einen Unternehmenserfolg

Aufbauend auf den selbst gemachten Erfahrungen und der Erkenntnis, dass eine Konfliktvermeidung bzw. -eindämmung leichter und kostengünstiger ist, als durch Streitereien verursachte Ausfälle, will Thomas Melzer, die Grundzüge der Wirtschaftsmediation in die Vertragswerke der Exempla GmbH aufnehmen. Dabei beraten sie sich mit der Mediatorin Bettina Reichert und erhalten ergänzende Unterstützung durch den Mediationsverband.

„Zunächst sind einige Fragen zu klären", erläutert Bettina Reichert, „bevor die Wirtschaftsmediation, auf die Interna der Exempla GmbH zugeschnitten, ihren Niederschlag in der hausinternen Unternehmenskultur finden kann."

Allgemeine Anmerkungen zur neuen Unternehmenskultur

Die Fragen zeigen die zu beachtenden Punkte bei der Anpassung der vorhandenen Streitkultur an die durch Mediation gewonnenen Erkenntnisse auf. Dabei sollen gemachte Erfahrungen die Streitkultur positiv beeinflussen und im ganzheitlichen Sinne fördern. Ziel ist es, Konflikte frühzeitig zu erkennen, ihnen auf der richtigen Ebene zu begegnen, und sie gemeinsam mit den Beteiligten abschließend zu lösen.

Nur eine vorgelebte Kultur wird vom Mitarbeiterstamm aufgenommen und umgesetzt. Das reine „Anordnen" einer neuen Streitkultur wird ebenso scheitern wie das halbherzige Vorbeten von Schlagworten, warnt die Mediatorin.

1. Fitness

Jede Organisation, die innovativ und zukunftsfähig sein möchte, muss sich Gedanken über ihr internes Konfliktmanagement machen. Nicht allein, um die immensen Kosten unmotivierter und frustrierter Mitarbeiter zu vermeiden, sondern vor allem, um die Chance zum Wachstum zu nutzen, die jeder Konflikt bietet. Konflikte sind ein Signal. Sie sind Chance und Risiko. Dies wird in China bereits durch das entsprechende Schriftzeichen für den Begriff „Konflikt" zum Ausdruck gebracht.

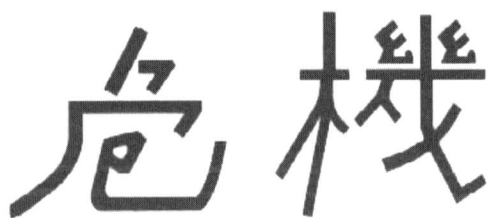

Abb. 4-2: Die beiden chinesischen Schriftzeichen für den Begriff „Konflikt" versinnbildlichen „Chance" und „Risiko"

Integration der Mediation

„Mit emotionaler Intelligenz und kompetenten Sachentscheidungen schafft der Konflikt die Chance zur Verbesserung. Es gibt dabei aber auch Risiken, vornehmlich dann, wenn Reibungen und Spannungen innerhalb der Organisation nicht aufgegriffen werden. Dann entstehen die bekannten Symptome wie „Dienst nach Vorschrift", „innere Kündigung" und „Mobbing", zeigt Bettina Reichert auf. „Die Mediation vertritt eine positive und systemische – nicht systematische – Sichtweise von Konflikten. Konflikte werden als ein Hinweis darauf gesehen, dass sich in der Beziehung bzw. dem bisherigen Verhalten etwas ändern muss. Durch eine konstruktive Lösungssuche gelingt es, die Beteiligten aus dem 'Teufelskreis' von Anschuldigung und Rechtfertigung zu führen", stellt sie weiter dar.

Nach den guten Erfahrungen, die die Exempla GmbH mit der Wirtschaftsmediation gemacht hat und den Empfehlungen der Mediatorin wird ein Stab mit dem Arbeitstitel „Integration der Mediation bei der Exempla GmbH" gebildet. Dieser soll ein Konzept erarbeiten, in welchen Bereichen des Unternehmens die Methode der Mediation eingesetzt werden könnte.

Neben dem Geschäftsführer Rolf Neufeld und seinem Rechtsanwalt Thomas Melzer werden ein Betriebsratsmitglied und die Abteilungsleiter eingeladen, diesen Stab zu komplettieren. Die erste Sitzung beinhaltet die Formulierung des gemeinsamen Ziels: Durch die Philosophie der Mediation, die im Unternehmen gelebt werden soll, sollen schon im Vorfeld Konflikte vermieden und auftretende Probleme dann mittels Mediation gelöst werden, wenn sie nicht in eigenverantwortlichen Gesprächen mittels geeigneter Kommunikation gelöst werden können.

Dabei entsteht die Idee, auch ein oder zwei Repräsentanten der Angestellten in den Stab mit einzubeziehen, damit alle Unternehmensbereiche vertreten sind. Bis zur nächsten Sitzung sollen alle Bereiche die möglichen Einsatzfelder eruieren und aktuelle Problemlagen aufzeigen.

```
                    Realisierung der Vision

                    ┌─────────────────────┐
                    │  Adäquates Konzept  │
                    └─────────────────────┘
         ┌───────────────────┼───────────────────┐
  ┌──────────────┐   ┌──────────────┐   ┌──────────────┐
  │  Mitarbeiter │   │ Kommunikation│   │Führungskräfte│
  └──────────────┘   └──────────────┘   └──────────────┘
         │                   │                   │
  ┌──────────────┐   ┌──────────────┐   ┌──────────────┐
  │  Fachliches  │   │              │   │  Führungs-   │
  │   Know-How   │   │  Information │   │   Know-How   │
  └──────────────┘   └──────────────┘   └──────────────┘
  ┌──────────────┐   ┌──────────────┐   ┌──────────────┐
  │ Motivation der│  │ Wechselseitige│  │ Motivation der│
  │ Kollegen und der│ │ Anerkennung und│ │Mitarbeiter und der│
  │ eigenen Person│  │ Wertschätzung │  │ eigenen Person│
  └──────────────┘   └──────────────┘   └──────────────┘
  ┌──────────────┐   ┌──────────────┐   ┌──────────────┐
  │ Produktivität│   │    Struktur  │   │  Koordination│
  └──────────────┘   └──────────────┘   └──────────────┘
         │                                       │
  ┌──────────────┐                       ┌──────────────┐
  │  Effektivität│                       │  Effektivität│
  └──────────────┘                       └──────────────┘
                    ┌─────────────────────┐
                    │    Unternehmens-    │
                    │        erfolg       │
                    └─────────────────────┘
```

Abb. 4-3: Trilaterale Zweige bilden die Säulen der Konzeptqualität

2. Umgang mit Konflikten

„Um mit Konflikten konstruktiv umzugehen und ihr Potenzial richtig nutzen zu können, ist ein Grundwissen über die Zusammenhänge beim Entstehen von Konflikten erforderlich. Darauf wiederum basiert die Möglichkeit, einen Großteil von Konflikten durch präventive Maßnahmen im Vorfeld vermeiden zu können," führt die Mediatorin aus.

„Nicht alle Konflikte sind vermeidbar. Eine Entwicklung ist immer von Konflikten begleitet. Anders ausgedrückt: Ohne Konflikte gäbe es keine Veränderung, keine Entwicklung. Das setzt jedoch einen konstruktiven Umgang mit ihnen voraus. Dazu gehört eine frühzeitige Reaktion und die Erkenntnis, dass Konflikte auch enorme Chancen bieten können."

„Dazu könnte meine Checkliste passen", schlägt Karin Forster, die Personalchefin, vor.

Checkliste für die Prävention als Führungskraft

1. Konstruktive Atmosphäre

Ein offenes, angstfreies Arbeitsklima, in dem Mitarbeiter berufliche und private Probleme, und vor allem auch berufliche Kritik, ohne Angst ansprechen können, ist die beste Voraussetzung, um eine Konflikteskalation zu vermeiden. Dazu gehört beispielsweise eine regelmäßige Feedbackrunde über die Zusammenarbeit im Team, in der jene Probleme angesprochen werden können, die andernfalls im Stress des Alltags untergehen könnten, erläutert Karin Forster.

2. Frühzeitige Reaktion

Konflikte zwischen den Mitarbeitern sollten vor allem ohne Schuldzuweisungen angesprochen werden. Es ist eine Führungsaufgabe, die Mitarbeiter bei der Konfliktlösung zu unterstützen. Das sollte nicht „zwischen Tür und Angel" geschehen. Konfliktlösung erfordert besondere Zeit und extra Raum, es ist eine dringende und wichtige Aufgabe: im Sinne des Eisenhower-Prinzips eine A-Priorität:

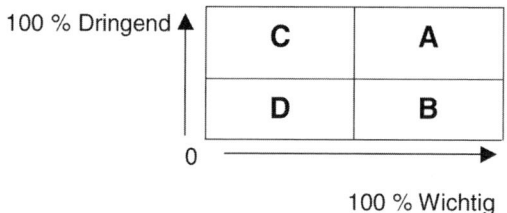

Abb. 4-4: Eisenhower-Prinzip zur Einteilung von Aufgaben nach Dringlichkeit und Wichtigkeit

Gemäß diesem Prinzip sind erst die A-Aufgaben, dann die B- und C-Aufgaben und als letztes die D-Aufgaben zu erledigen. Letztere können auch delegiert oder ganz eliminiert werden, weiß Geschäftsführer Neufeld aus den internen Zeitmanagement-Seminaren.

Die Dringlichkeit wird von außen herangetragen. Die Wichtigkeit bestimmt die handelnde Person selbst. Dadurch, dass sich auch Führungspersonen von außen durch Termine fremdbestimmen lassen (müssen), werden oft dringliche, aber weniger wichtige Dinge vor den wichtigen, aber weniger dringlichen Aufgaben erledigt. Das führt langfristig zu Frustration, da das Gefühl entsteht, keinen Einfluss zu haben und reaktiv statt aktiv handeln zu müssen. Hier ist im ersten Schritt Erkenntnis über die Zusammenhänge vonnöten, dann der Wille zur Veränderung und anschließend die Konsequenz der Umsetzung.

3. Zuhören, Zuhören, Zuhören

Konflikte sind immer mit unangenehmen Gefühlen verbunden. Durch aktives Zuhören löst sich die angespannte Atmosphäre zwischen den Konfliktbeteiligten. Es ist wesentlich, die Sichtweise der Mitarbeiter zu verstehen. Aktives Zuhören ist somit die wichtigste Fähigkeit für eine konstruktive Konfliktlösung. Hier stimmen alle Beteiligten der Mediatorin Bettina Reichert zu.

4. Stärkung der Selbstverantwortung

Die Führungskraft ist dafür verantwortlich, dass arbeitsrelevante Konflikte gelöst werden. Sie muss jedoch nicht immer entscheiden, wie die Lösung konkret aussieht. Das meiste Wissen über die Umstände eines Konflikts und die potenziell beste Lösung haben immer die Beteiligten. Dieses Wissen sollte genutzt werden, indem die Führungskraft die Mitarbeiter unterstützt. Dies schließt direktive Entscheidungen nicht aus, sondern erweitert den Rahmen der möglichen Vorgehensweisen.

„Die präventive Vorgehensweise", ergänzt die Personalleiterin, „könnte als Flussdiagramm zur besseren Übersichtlichkeit wie folgt aussehen:"

Integration der Mediation

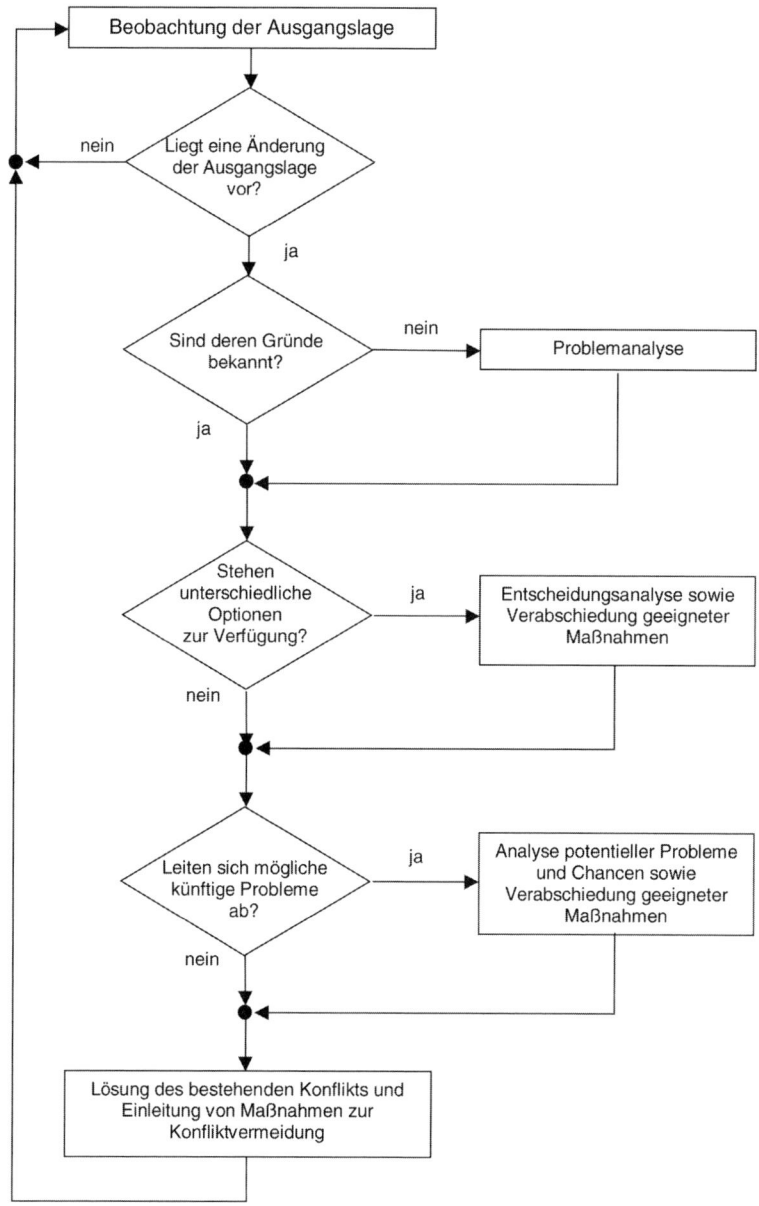

Abb. 4-5: Flussdiagramm zur Veranschaulichung der präventiven Vorgehensweise im Umgang mit Konflikten

Beobachtung der Ausgangslage

Zur Feststellung einer Änderung der Ausgangslage sind verschiedene Faktoren maßgeblich:

- Ist eine adäquate/lückenlose Beobachtung der Lage möglich?
- Können andere Parteien als Beobachter fungieren?
- Welche Auslöser sind nötig, um eine Änderung als gravierend genug einzustufen, dass daraus Handlungsbedarf abgeleitet werden muss?
- Sind den Beobachtenden Muster bekannt, bei deren Eintreten eine Änderung der Ausgangslage wahrscheinlich wird (Früherkennung)?

Nach Feststellung der Änderung folgt eine erste Grobbewertung:

- Wie dringlich ist die Änderung?
- Wie ist die potenzielle Auswirkung auf angrenzende Bereiche?
- Sind mögliche Folgeänderungen (weitere Konflikte) absehbar?
- Welche Parteien sind an der Änderung beteiligt?
- Welche Auswirkungen kann eine Nichtbereinigung der Änderung haben?

Problemanalyse

Sind die Gründe für eine Lageänderung bekannt, kann mit der Generierung und Prüfung der Optionen fortgefahren werden. Sind die Gründe jedoch nicht klar erkennbar, muss sich dem Feststellen einer Änderung eine gezielte Problemanalyse anschließen. Nur dadurch kann die Lösung auf den Konflikt zugeschnitten werden.

Nach einem einfachen Schema sind vier Hauptpunkte zu hinterfragen:

Was ?	Worin liegen die Gründe für die Änderung der Ausgangslage?
	Wer trägt zu den Veränderungen bei?
Wo ?	In welchem räumlichen Bereich traten Änderungen auf?
Wann ?	Wann traten Veränderungen ein?
	Zu welchem Zeitpunkt konnten bereits Tendenzen erkannt werden?
	Waren Anzeichen vorhanden, jedoch nicht richtig bewertet worden?
Ausmaß ?	Welche organisatorischen Bereiche sind zusätzlich betroffen?
	Wie stark sind die einzelnen Bereiche betroffen?
	Welche Personen sind besonders betroffen?

Abb. 4-6: Hauptfragen der Problemanalyse

Lösung des bestehenden Konflikts

Der Weg zur Bereinigung einer Änderung (Lösung eines Konflikts) führt über den ersten Schritt: Definition der Beteiligten.

- Wer muss zur Bereinigung der Änderung hinzu gezogen werden?
- Welche Aufgaben müssen übernommen bzw. verteilt werden?
- Wie sieht die terminliche Dringlichkeit und somit der zeitliche Ablauf für die Lösung aus?

Maßnahmen zur Konfliktvermeidung für die Zukunft

Nach der Analyse des beendeten Konflikts und möglicher potenzieller Probleme sind Maßnahmen zur Konfliktvermeidung zu ergreifen:

- Welche Schlüsse können aus dem vergangenen Konflikt gezogen werden?
- Welche Maßnahmen wären der Früherkennung dienlich (gewesen)?
- Sind alle Mitarbeiter über die Maßnahmen unterrichtet?
- Welche weiteren Schulungen können der Prävention dienen?
- Welche sonstigen Präventionsmaßnahmen sollen durchgeführt werden?

Werden diese Maßnahmen in die Unternehmenskultur integriert, ist das Unternehmen fit für zukünftige Konflikte.

Nutzung mediativer Grundsätze bei der Konfliktvermeidung

Die Mediatorin Bettina Reichert schlägt vor, die Gedanken der Mediation in Merksatzform zu konzentrieren, um sie bei der Umsetzung im Unternehmen lebbar zu machen.

Die Grundsätze der Mediation umfassen:

- Konflikte müssen nachhaltig gelöst werden.
- Das Aufdecken der hinter den Positionen liegenden Interessen steht im Vordergrund, um einen gemeinsamen Weg zu finden.
- Eine gemeinsam erarbeitete Lösung ist tragfähiger als ein Beschluss, der eine Partei begünstigt.

Der Einbau mediativer Grundsätze in Unternehmensrichtlinien ist dabei ein wesentlicher Schritt auf dem Weg zu einer stabileren Struktur innerhalb eines Unternehmens. Ergänzend muss deren Umsetzung durch ein Vorleben dieser neuartigen Streitkultur durch das Management begleitet und gefördert werden. Nur eine durch Führungskräfte überzeugt und überzeugend vorgelebte Maxime unterstützt deren Glaubwürdigkeit und Akzeptanz, führt die Mediatorin aus.

Erweiterung der sozialen Kompetenz

Die Erweiterung bzw. vorausgehend die Schaffung sozialer Kompetenz ist eine wichtige Grundlage für die Konfliktprävention und eine produktive Arbeitsatmosphäre, erläutert die Personalleiterin Karin Forster. Dazu gehören:

- Kommunikationsfähigkeit
- Konfliktfähigkeit und Konfliktbereitschaft
- Teamfähigkeit

Kommunikationsfähigkeit bedeutet, sich situationsadäquat und kontextbezogen mit Anderen derart austauschen zu können, dass das Gesagte auch verstanden wird.

Konfliktfähigkeit umschreibt die Kompetenz, mit Konfliktsituationen elastisch umgehen zu können. Konfliktbereitschaft meint die Energie, sich mit dem bzw. den Anderen und dem Konflikt auch auseinandersetzen zu wollen.

Teamfähigkeit ist gelebte Kooperation im Wechselspiel mit der notwendigen Konfrontation, um die eigenen und die Interessen der Anderen im Sinne der gestellten Aufgaben berücksichtigen und ein Ergebnis erzielen zu können.

3. Kooperative Gesprächsführung

Die 5 K des Erfolgs

Je mehr Informationen vorliegen, desto besser kann das Gespräch antizipiert und entsprechend vorbereitet werden. Anhand dieser Informationen ist auch das eigene Ziel zu überprüfen, um mit möglichst konkreten aber realistischen Vorstellungen zu starten.

Als Grundlage für zielführende Gespräche, die auch für erfolgreiches Verhandeln gelten, haben sich fünf Begriffe etabliert, führt Karin Forster weiter aus. Diese „5 K des Erfolgs" lauten:

1. Kooperation
2. Kommunikation
3. Klarheit
4. Kongruenz
5. Kompetenzen

- **Kooperation**: Um erfolgreich zu sein, muss der Andere nicht besiegt werden. Es schadet nicht, wenn die andere Seite im Gespräch oder in der Verhandlung hervorragend abschneidet – solange man selbst den für sich angemessenen Teil erhält. Einschüchterungsversuche führen eher zu einer Verhärtung der ohnehin angespannten Situation. Erfolgversprechender ist es, gemeinsam mit dem Gesprächspartner aufzulisten, welche Konsequenzen eintreten können und welche gemeinsamen Lösungen oder Alternativen zu finden sind. Dadurch wird der Gesprächspartner in den Lösungsfindungsprozess eingebunden, der somit an Zielstrebigkeit gewinnt. Kooperation ist vor allem dann erfolgreich, wenn die Beteiligten an einer weiteren gemeinsamen Zukunft interessiert sind.

- **Kommunikation**: Die eigene Situation ist zu klären und Missverständnisse sind auszuräumen. Häufig basieren „große" Probleme auf einem Mangel an Kommunikation und daraus resultierenden Missverständnissen. Durch geeignete Kommunikation können Missverständnisse ausgeräumt und die Sachprobleme behandelt werden. Probleme sollten immer aus der eigenen persönlichen Sicht erläutert werden – „Ich fühle mich im Stich gelassen" und nicht „Sie haben Ihr

Wort gebrochen" oder „Ich fühle mich diskriminiert" und nicht „Sie sind ein Unterdrücker". Dadurch wird vermieden, den Gesprächspartner zu brüskieren. Zeitgleich werden die eigene Glaubwürdigkeit und Überzeugungskraft erhöht.

- **Klarheit**: Beim angestrebten kooperativen Gespräch ist es wichtig, den Verhandlungspartner nicht zu verunsichern. Transparenz und Klarheit über die eigenen Vorstellungen sind wichtige Grundlagen für die Zielerreichung. Kooperation setzt voraus, dass der Partner Klarheit über die eigene Intention hat. Wechselhaftigkeit, Unberechenbarkeit und Undankbarkeit verunsichern, während Verständlichkeit Vertrauen bildet, das wiederum eine wesentliche Grundlage für den Erfolg darstellt. Es sollte der Versuch unternommen werden, die Dinge aus der Perspektive des anderen Verhandlungspartners zu sehen. Diese Sicht braucht zwar nicht akzeptiert zu werden, die daraus gewonnene Erkenntnis hilft jedoch weiter.

- **Kongruenz**: Kongruentes Verhalten zielt auf die Schaffung einer stimmigen Basis des Gesprächs ab, auf der sich alle Verhandlungspartner wiederfinden und die jeweils Anderen als authentische, gleichwertige Gesprächspartner einstufen. Kongruentes und authentisches Verhalten fördert die Findung von Gemeinsamkeiten, aber auch von hilfreichen Unterschieden. Unabhängig von Sympathie oder Antipathie gegen den Gesprächspartner sollte die Sache den Mittelpunkt der Konzentration und der Anstrengungen bilden.

- **Kompetenzen**: Neben offensichtlichen Fachkenntnissen im geforderten Bereich sind Kenntnisse über die Verhandlungsstrukturen für den reibungslosen Ablauf des Gesprächs erforderlich. Die Lösungsvorschläge sollten derart eingebracht werden, dass sie für den Anderen akzeptabel sein können. Dabei geht es nicht um den Sachverhalt, sondern auch um Formulierungen und die Art der Vermittlung der Sachinhalte. Ein Gesprächspartner, der sein Gesicht wahren kann, ist kooperativer.

Die beiden Geschäftsführer sind sich darin einig, dass diese 5 K des Erfolgs in ihren jeweiligen Unternehmen etabliert sind und verstärkt angewandt sein sollten.

Die Interdependenzen sind demnach die folgenden, fasst die Personalleiterin noch einmal zusammen: Ausgehend von einem Willen zur Kooperation unterstützen die erworbenen Kompetenzen zusammen mit einer passenden Kommunikation in notwendiger Klarheit die zu schaffende Kongruenz. Neben der Tatsache, dass die kooperative Methode für viele ungewohnt ist, kommt hinzu, dass der Erfolg schwerer zu bewerten ist. Bisher galt ein Gespräch als erfolgreich, wenn wenigstens die Minimalforderung, besser noch die Maximalforderung durchgesetzt wurde. Die in Kooperationen gefundenen Lösungen müssen anhand anderer Kriterien beurteilt werden.

Kooperative Gesprächs- und Verhandlungsstruktur

Rechtsanwalt Thomas Melzer hat sich für die gemeinsame Besprechung auf das Thema Verhandlung vorbereitet. Das vorher zum „Gespräch" Gesagte bestätigt er vollinhaltlich. Er denkt dabei besonders an den Umgang mit den Kunden und Zulieferern der Exempla GmbH. Dazu wollte er zunächst die Struktur vorstellen, dann die Konsequenzen der gegenteiligen, konfrontierenden Strategie und zum Abschluss die möglichen Hindernisse. Er bittet die Anwesenden dabei zu überlegen, was davon eventuell auch für den betriebsinternen Gebrauch zur Anwendung kommen soll.

Die Verhandlung ist in drei Teile gegliedert: Vorbereitung, Durchführung und Nachbereitung. Je mehr Intensität auf die Vorbereitung verwendet wird, desto schneller und flexibler lässt sich die Verhandlung durchführen. Dies bedingt jedoch, dass sich die andere Seite gleichermaßen auf die Verhandlung vorbereitet hat und sich auf den Ablauf einlässt. Diesbezüglich hängen die Verhandlungspartner wechselseitig voneinander ab, denn die kommunikativen Kompetenzen des einen Verhandlungspartners können nur bedingt den möglichen Mangel derselben beim anderen Verhandlungspartner ausgleichen. Dies bedeutet, dass in etwa gleich geschulte und routinierte Verhandler rascher zu einem Ergebnis kommen werden, als ein Profi und ein Anfänger.

Nach dem Schluss der Verhandlung beginnt die Phase der Nachbereitung. Hierbei wird das Verhandlungsergebnis in die Praxis umgesetzt und dabei dessen Bestandskraft in der Realität getestet. Bei Anpassungsbedarf des Verfahrens führt die Schleife zurück in die Verhandlung, ansonsten ist es sinnvoll, bei entsprechend wichtigen Verhandlungen den Ablauf für sich selbst zu evaluieren, um Optimierungspotenzial in weiteren Verhandlungen nutzen zu können.

Die allgemeine Struktur der Verhandlung nimmt folgenden Ablauf:

Integration der Mediation

Ablauf	Aufgabe	Erläuterung
Vorbereitung	Sammlung von Informationen und Antizipation des Ablaufs der Verhandlung	Vorbereitung basiert auf Zielen und der Klärung der eigenen Fakten und Vorstellungen. Die Antizipation dient der Überprüfung, ob alle wesentlichen Punkte der eigenen und der anderen Seite bedacht wurden. In dieser Überprüfung kann eine Feinjustierung für die 5K vorgenommen werden
Durchführung	Vereinbaren des Gegenstands und Ablaufs der Verhandlung	Vereinbarung eines abstrakten Ziels (win-win-solution) und der Art und Weise des gegenseitigen Umgangs in der Verhandlung
	Darstellung der Positionen	Alle Seiten erhalten die Gelegenheit, ihre Sichtweisen und Positionen darzulegen. Hier können die Regeln zum Umgang zum Tragen kommen
	Zusammenfassung und Ordnung des Verhandlungsstoffs	Überblick erlaubt die Einhaltung einer Struktur
	Ergründung der hinter den Positionen liegenden Interessen	Ausräumung möglicher Missverständnisse durch einen Perspektivenwechsel bei den Beteiligten. Erst die Darlegung der meist verborgen gehaltenen Interessen ermöglicht es, Optionen zu erarbeiten
	Generieren von Optionen	Mittels Kreativtechniken werden unter Berücksichtigung der Interessen verschiedene Optionen gesammelt
	Bewertung der Optionen	Die gefundenen Optionen werden nach von den Verhandlungspartnern festzulegenden Kriterien bewertet
	Ausverhandeln einer Option	Die für alle Beteiligten beste Option wird im Detail festgelegt
	Abschluss einer bindenden Vereinbarung	Niederschrift der Festlegung mit den erforderlichen Rahmenbedingungen für die Umsetzung
Nachbereitung	Evaluierung des Prozesses	Vergleich zwischen jeweils antizipiertem und tatsächlichem Verlauf sowie Ergebnis. Erkennen von Optimierungspotential
	Umsetzung in die Praxis	Bei der Umsetzung kann festgestellt werden, ob bei der Vereinbarung alle Konsequenzen berücksichtigt wurden.
	Feinjustierung der Lösung (optional)	Sollte Anpassungsbedarf bestehen und die Vereinbarung entsprechenden Spielraum bieten, sollte die vereinbarte Lösung angepasst werden.

Abb. 4-7: Struktur von Verhandlungen

Kompetitive Verhandlungen und ihre Konsequenzen

Diese Strategie geht davon aus, erläutert Anwalt Melzer, dass das Gut knapp bemessen ist und derjenige siege, der das größte Stück des Kuchens für sich abschneiden kann. Je weiter es der kompetitive Verhandler schafft, die Gegenseite zu Zugeständnissen zu bewegen und an die eigene Maximalforderung heranzuführen, desto besser ist er. Auf der Strecke bleiben dabei kreative Lösungen. Eingeleitet wird das Verfahren mit möglichst hohen aber gleichzeitig noch glaubwürdigen Eingangsforderungen, die Raum für spätere Zugeständnisse schaffen. Die Verhandlung selbst ist geprägt von mangelnder Konzessionsbereitschaft, die zudem durch die Drohung untermauert wird, jederzeit die Verhandlung abzubrechen oder den Rechtsweg zu beschreiten. Die Taktiken, die angewendet werden, gehen von bewusst eingesetzten emotionalen Ausbrüchen über das Muster von „good guy – bad guy" bis hin zum provozierten Zeitdruck. Der Grund der Anwendung der kompetitiven Methode liegt häufig in der bisherigen Gewohnheit. Das Risiko liegt darin, einem besseren kompetitiven Verhandler gegenüber zu stehen und zu scheitern.

Die Vorteile der kooperativen Methode sind dem gegenüber befriedigende, kreative win-win-Möglichkeiten, die jedoch eine intensive Auseinandersetzung mit dem Verfahren voraussetzen.

Mögliche Hindernisse für erfolgreiche Verhandlungen

Als Überblick über die Hindernisse bei erfolgreichen Gesprächen und Verhandlungen, so Mediatorin Reichert, wurde nachfolgende Zusammenstellung entwickelt:

Hindernis	Beispiele
Repräsentative Hindernisse	Vertreter
	Vorgesetzter
Strategische Hindernisse	Nullsummen-Mentalität
Kognitive Hindernisse	Abneigung gegen Risiko
	Abneigung gegen Verlust
Emotionale Hindernisse	Bedürfnis, Recht zu haben
	Bedürfnis, sich zu rechtfertigen
	Bedürfnis, weiter zu kämpfen
	Bedürfnis, nett zu sein
	Bedürfnis, die Kontrolle zu behalten
Psychologische Hindernisse	Befriedigung steht im Vordergrund
	Reaktive Entwertung (Entwertung durch die Art der Reaktion)
	Einmal gemachte Angebote verlieren an Wert
	Kaufreue

Abb. 4-8: Hindernisse gegen erfolgreiche Verhandlungen (nach SDMC)

Mit geschulter Verhandlungskommunikation kann diesen Hindernissen erfolgreich begegnet werden. Sie können ohne Gesichtsverlust für den Verhandlungspartner geklärt und berücksichtigt werden.

Kooperative Führung

Darauf hakt die Personalleiterin Karin Forster wieder ein: „Zum Aufgabenspektrum einer jeder Führungskraft gehört die Erfassung der Situation der ihr überantworteten Belegschaft, die Schaffung eines geeigneten Arbeitsumfelds und die Analyse möglicher auftretender Konflikte. Dies ermöglicht es der Führungskraft, rechtzeitig einzugreifen und adäquat zu steuern. Daher ist einer der Hauptschwerpunkte die Wahrung des Überblicks über den Arbeitsbereich und die ständige Analyse der zwischenmenschlichen Situation. Daraus leiten sich weitergehende Aufgaben ab, sobald es zu einer Veränderung der Lage kommt. Führung kann im Sinne einer kooperativen Verhandlung gelebt werden.

Die Vorteile sind:

- Offene Kommunikation schafft die notwendige Atmosphäre für kreative Ergebnisse
- Chancen auf Einigungen werden nicht durch überzogene Anfangsforderungen verpasst
- Eine kooperative Gesprächsführung ermöglicht eine rasche und zielführende Klärung

Teamentwicklung

Dann erläutert sie das Arbeiten in Teams. Ein Team definiert sich im Gegensatz zur Gruppe als eine Anzahl an Personen, die zielgerichtet gemeinsam an einer Aufgabe arbeiten. Ein Team ist ein System. Das Hauptargument für eine Teambildung sind die zu erwartenden Synergieeffekte. Diese sind naturgemäß durch die Teamleistung höher, als die Summe der Einzelleistungen. Die Neuzusammensetzung eines Teams ist ein dynamischer Prozess, der von einer Vielzahl kleiner Konflikte begleitet wird. Erst nachdem sich das Team geordnet hat, kann es seine volle Leistungsfähigkeit entfalten. Auf dem Weg dorthin durchläuft es vier Phasen, die in der folgenden Darstellung schematisiert sind und mit Forming beginnen:

Integration der Mediation 113

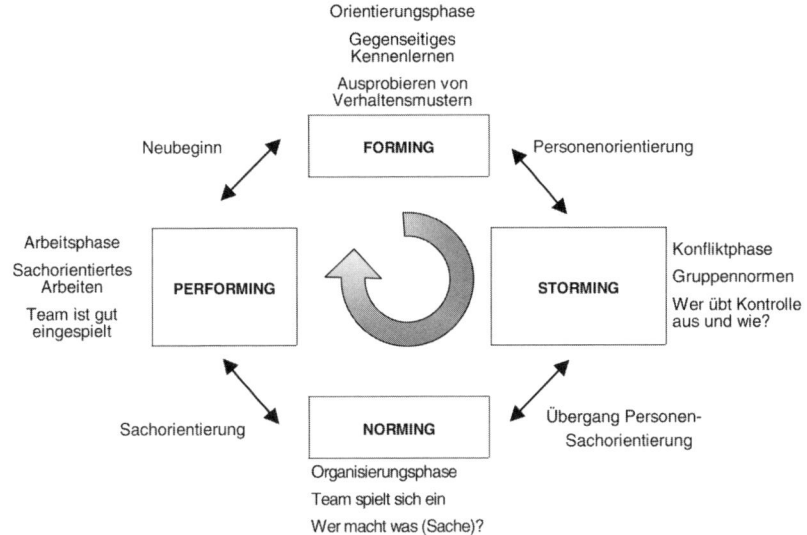

Abb. 4-9: Prozessbild der Teamentwicklungsphasen
(nach Tuckman sowie Grunwald und Redel)

In dem Prozess von Forming über Storming und Norming zu Performing und wieder zurück zum Neubeginn des Forming ist der allgemeine Entwicklungsablauf von Lebewesen in Gruppen erkennbar. Biologische Systeme sind durch Prozesse der Rückkopplung gekennzeichnet und unterliegen einem Wachstums- und Entwicklungsprozess, in dem sie sich in einem hohen Maße selbst organisieren und reproduzieren. Auch Mitarbeiter und Organisationen entwickeln sich weiter, verändern ihr Verhalten, passen sich geänderten Bedingungen der Umwelt, zum Beispiel des Marktes, an, führt Karin Forster aus.

Soziale Systeme, Individuen, Teams, Arbeitsgruppen sind ebenfalls durch die Kriterien Rückkopplung und Entwicklung gekennzeichnet. Der wesentliche Unterschied besteht jedoch darin, dass sich Menschen in sozialen Systemen Gedanken über die „Wirklichkeit" machen, und aufgrund dieser Wirklichkeitskonstruktion in der Organisation handeln. Dies bedeutet, dass Menschen nicht einfach nach einem simplen Reiz-Reaktionsmuster reagieren, wie im Behaviorismus, sondern sich ein inneres Bild anfertigen, und dieses die Basis für ihr Handeln bildet.

Das Eisberg-Prinzip

Vom Menschen als vernunftbegabtem Wesen wird grundsätzlich erwartet, in fast jeder Situation auch ebenso zu handeln: In der Außendarstellung müssen Reaktionen und Entscheidungen so dargestellt werden, dass sie wohl überlegt und logisch erscheinen, ergänzt Bettina Reichert. In Wirklichkeit sind die Entscheidungen jedoch durch die verschiedensten Befindlichkeiten der einzelnen Personen motiviert. Diese wiegen im Verhältnis schwerer als die Ratio. Jene Unausgewogenheit ähnelt einem Eisberg, der nur zum geringsten Teil sichtbar ist, wohingegen der größere Teil unter der Wasoberfläche verdeckt ist. Die Gefahr für Schiffe, mit dem Eisberg zu kollidieren, ist hinsichtlich des verdeckten Teils extrem größer, da dieser nicht augenfällig sichtbar ist. Die gleiche Situation findet man in Gesprächen, Besprechungen und Verhandlungen vor. Der entscheidende Anteil an der Entscheidung bleibt oft verborgen, statt dass er sinnvoll offen gelegt wird.

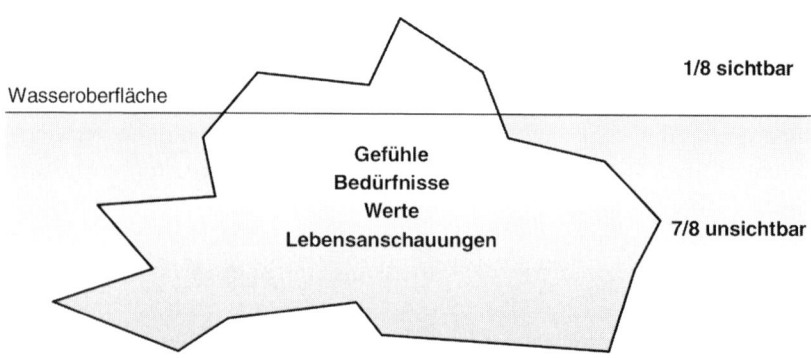

Abb. 4-10: Eisberg-Prinzip

Viele Organisationen lassen sich in ihrem Verhalten mit behäbigen Tankschiffen vergleichen, die auf riesige Eisberge zusteuern und eine entsprechend lange Zeiten für Kurskorrekturen benötigen. Vor diesem Hintergrund müssen Organisationen ein sinnvolles Maß an Varietät von Handlungsmöglichkeiten erreichen.

Sinnvolles und effektives Handeln in Organisationen verlangt demnach, dass alle subjektiven Komponenten betrachtet und berücksichtigt werden müssen. Geschieht dies nicht, wirkt sich das „Nichtbeachten" in den allermeisten Fällen negativ aus. Mangelnde Akzeptanz in der Organisation, latente Widerstände bis hin zu akuten Krisen sind dann die Folge.

Gescheiterte Projekte resultieren in hohem Maße aus Fehlern und Versäumnissen in der Anfangsphase, betont die Personalleiterin Karin Forster. Weiterhin weiß man um das Phänomen des „Schlagartigen Kippens", das man sowohl bei Projekten, aber auch im Zusammenbruch ganzer Organisationseinheiten kennt. Lange Zeit geht alles gut. Ab einem bestimmten Zeitpunkt scheinen sich die Dinge zu verselbständigen und dies dazu noch mit einer unglaublichen Geschwindigkeit. Der Überblick geht verloren, das Ganze scheint sich selbst zu steuern. Alle zu diesem Zeitpunkt eingeleiteten Gegenmaßnahmen zur Rettung zeigen keine Wirkung mehr. Solche Prozesse sind darüber hinaus auch noch irreversibel. So wie aus einem Schrotthaufen nicht automatisch wieder ein neues Auto entstehen kann, so lassen sich auch „Prozesse in Organisationen" nicht einfach umkehren, ergänzt die Mediatorin Bettina Reichert.

Wenn ein Vorgesetzter einen Mitarbeiter oder ein Kollege einen anderen Kollegen bittet, irgendetwas zu tun oder zu unterlassen, dann bestimmt nicht das Bemühen des Vorgesetzten bzw. des Kollegen, wie der Andere mit dem Anliegen umgeht, sondern vielmehr der angesprochene Mitarbeiter selbst bestimmt, was mit der Information geschieht.

Hierarchische Systeme

Hierzu ergänzt Bettina Reichert: Psychologisch gesehen ist jedes Individuum jederzeit auf drei verschiedenen Ebenen gleichzeitig unterwegs: Hierarchie, Territorium und Beziehung. Die territoriale Ebene ist der Raum, den ein Individuum zur Verwirklichung seiner Bedürfnisse benötigt. Auf Unternehmen übertragen bedeutet das beispielsweise, dass das Büro oder der Schreibtisch als das eigene Territorium definiert und verteidigt wird. Dies wird auch bei Besprechungen sichtbar. Eine Person wird nach einer Pause zu demselben Platz zurückkehren, den sie vorher besetzte; und das liegt nicht nur daran, dass dort die eigenen Unterlagen liegen.

Unter Beziehungsebene sind alle Beziehungen gemeint, nicht nur jene zwischen Mann und Frau. Ein Gefühl von Zugehörigkeit ist dabei der erste Schritt, z.b. Zugehörigkeit zu einem Team, einer Abteilung, einem Unternehmen. Die hierarchische Ebene umfasst ein weiteres Stück Orientierung. Wer kann wem Anordnungen erteilen, welche Konsequenzen hat die Nichtbefolgung, etc. Diese Ebene wird nachfolgend noch näher beleuchtet. Alle drei vorgestellten Ebenen hängen untrennbar miteinander zusammen. Dieses Zusammenspiel ist gleichzeitig ein Teil der systemischen Betrachtung.

Die Personalleiterin hat verschiedene Charts vorbereitet, die sie mittels Beamer an die Wand projiziert.

	Inhouse		Business 2 Business
	Gleiche Hierarchie	Unterschiedliche Hierarchie	Elastische (marktabhängige) Hierarchie
Individuum – Individuum	Mitarbeiter – Mitarbeiter	Führungskraft – Mitarbeiter	Vertrieb – Kunde
Individuum – Kollektiv	Mitarbeiter – Team	Führungskraft – Team	Berater – Unternehmen
Kollektiv – Kollektiv	Team – Team	Geschäftsführung – Betriebsrat	Hersteller – Zulieferer

Abb. 4-11: Beispiele für Gegenüberstellungen in hierarchischen Systemen

In den unterschiedlichen Konstellationen müssen die jeweiligen Implikationen berücksichtigt werden, führt sie dazu aus. Eine davon ist, dass schon die Initiative so gestaltet werden sollte, dass alle Beteiligten den Vorschlag zur Mediation akzeptieren können wollen, sofern der Weg nicht bereits über eine Mediationsklausel geebnet wurde, stimmt ihr Bettina Reichert zu. Dies ist im B2B-Bereich häufiger als im Inhouse-Bereich der Fall. Es ist in der Regel leichter, wenn dieser Vorschlag von jemandem gemacht wird, der das Vertrauen aller Beteiligten genießt, und der selbst außerhalb des Konflikts steht, bekräftigt der Betriebsrat Meierhofer.

Integration der Mediation 117

Konflikttyp	Individuum – Individuum	Individuum – Individuum	Individuum – Kollektiv	Individuum – Kollektiv	Kollektiv – Kollektiv	Kollektiv – Kollektiv
Hierarchie-ebene	Mitarbeiter – Mitarbeiter	Führungskraft – Mitarbeiter	Mitarbeiter – Team	Führungskraft – Team	Team – Team	Geschäfts-führung – Betriebsrat
Initiator der Mediation	Mitarbeiter Führungskraft	Führungskraft Mitarbeiter	Teamleiter Führungskraft Mitarbeiter	Führungskraft Teamleiter Mitarbeiter	Teamleiter Mitarbeiter Führungskraft	Geschäfts-führung und/oder Betriebsrat
Interner Mediator	x	x	x	x	x	–
Externer Mediator	x	x	x	x	x	x

Abb. 4-12: Einsatz von internen und externen Mediatoren

„Die Grafik verdeutlicht," bestätigt die Mediatorin Bettina Reichert, „dass ein externer Mediator immer hinzugezogen werden kann, ein interner jedoch in der Regel ab einer gewissen Hierarchieebene nicht mehr akzeptiert wird. Der interne Mediator sollte immer hierarchisch höher stehen und aus einem anderen Bereich stammen. Dabei ist zu beachten, dass der Mediator neben der Mediationskompetenz und seiner Neutralität (er darf beispielweise nicht Vorgesetzter sein oder in das Gesamtkonfliktsystem integriert sein) auch formal dazu in der Lage sein muss. Eine Zusammenarbeit von einem externen und einem internen Mediator kann zielführend sein. Letzterer kann insbesondere die Vorbereitungsphase, die Pre-Mediation, leiten."

4. Typische Vorbehalte bezüglich der Mediation

„Nachdem der Umgang mit Konflikten und deren Prävention dargestellt wurde, soll nun näher beleuchtet werden, welche Vorbehalte aufgrund mangelnder Information und Erfahrung immer noch anzutreffen sind," führt nun Karin Forster aus „und was für eine Integration der Mediation in die Unternehmenskultur zu berücksichtigen ist."

Typische Sichtweisen von Rechtsabteilungen und Anwälten

„Rechtsabteilungen oder Anwälte bedenken sowohl die Interessen des Mandanten, als auch die eigenen", schaltet sich Anwalt Melzer ein. Oft stößt man dabei auf unreflektierte Vorannahmen.

Die Rechtsabteilung und der Anwalt haben das Interesse, bestmöglich zu beraten. Da viele Personen Konflikte in der Regel zunächst ignoriert werden, um danach ergebnislos zu versuchen, sie selbst zu lösen, ist der darauffolgende Schritt oft der zur Rechtsabteilung oder zu einem externen Anwalt.

Der Anwalt, wie der Jurist in der Rechtsabteilung, will in einem Verfahren, das er selbst nicht kennt, den Mandanten nicht als „Versuchskaninchen" missbrauchen. Weiterhin möchte er kompetent erscheinen: Der Anwalt, der sich mit der Mediation nicht auskennt, wird sich gegenüber dem Mandanten zu diesem Feld nicht äußern. Der Anwalt befürchtet einen Imageverlust in der Vorannahme, dass sein Mandant von ihm die energische Rechtsdurchsetzung erwartet. Aus seiner Sicht würde die Anregung zur Mediation, also der Aufnahme erneuter „Verhandlungen", ihn als konfliktscheu und durchsetzungsschwach erscheinen lassen. Dazu kommt die Annahme, dass bei der Mediation als „außerrechtlichem" Verfahren, die juristische Kompetenz des Anwalts nicht gebraucht würde.

Das andere Extrem ist die Eigenüberschätzung: Viele Anwälte begreifen sich selbst als „geborene Mediatoren" („Ich versuche Konflikte immer zu vermeiden und zu schlichten") und sehen daher keine Notwendigkeit, den Konflikt einem „anderen" (ausgebildeten) Mediator zuzuleiten. „Warum abgeben, was man selber tun kann?", unterstreicht Bettina Reichert. Insofern scheint dann die Mediation ein Konkurrenzprodukt zur eigenen (prozessführenden) Tätigkeit zu sein: Bei Verweisung eines Mandanten an eine Mediation besteht die Befürchtung des eigenen

Mandatsverlusts bzw. der Einflussnahme. Damit verbunden ist die Furcht vor unmittelbarem Einnahmeverlust: Der Mandant zahlt statt Anwaltsgebühren für die Prozessführung nur ein Honorar an den Mediator.

Die Anwälte, die schon ein wenig über Mediation wissen, jedoch noch keine Erfahrung haben, gehen davon aus, dass das Verfahren keine Ergebnissicherheit bietet, und wenn es scheitert, kann der Misserfolg (Aufwand an Zeit und Kosten) auf den Anwalt und dessen Ratschlag zurückfallen. Gelingt die Mediation dagegen, droht dem Anwalt – insbesondere wenn der Mediator selbst Anwalt ist – der dauernde Verlust des Mandanten.

Mit der Äußerung von Rechtsanwälten, dass man ohnehin „mediativ" arbeite und Streit zu schlichten versuche, wird versucht zu dokumentieren, dass der Anwalt selbst mediieren könne. In Wirklichkeit aber versucht dieser Anwalt die Quadratur des Kreises, denn eine berechtigte Funktion eines Rechtsanwalts besteht darin, seinen Mandanten parteilich rechtlich zu beraten.

Eine weitere Fehlannahme spiegelt sich in der Aussage wider: „Mediation ist zu zeitaufwendig."

Damit ist die Sorge gemeint, dass der Anwalt viel Zeit mit Reden und Verhandeln verbraucht. In der Tat besteht Mediation fast nur aus Reden und Verhandeln. Das sind viele deutsche Anwälte nicht gewohnt. Sie lernen während der Ausbildung Briefe sowie Schriftsätze zu diktieren und zu Gericht zu gehen. Beratungen von Mandanten halten viele Anwälte lieber kürzer als länger ab, obwohl sie damit schneller zum Ergebnis kommen könnten, und der Mandant zufriedener wäre. Hinter dem Urteil „zu zeitaufwendig" verbirgt sich aber die (mangels eigener Erfahrung natürliche) Angst, die Mediation führe zu keinem positiven Ergebnis, und es müsse dann doch prozessiert werden, berichtet Thomas Melzer.

Immer noch zu wenige Rechtsanwälte wissen, dass sie wichtig für die Mediation sind. Rechtsanwälte sind für ihre Mandanten die Gewähr dafür, dass sie von der Gegenseite nicht übervorteilt werden. Anwälte geben ihrer Partei Sicherheit dafür, dass sie nicht ungewollt etwas aufgeben, wovor sie – vermeintlich – in einem Prozess vor Gericht bewahrt geblieben wären.

Viele Rechtsanwälte halten Mediation für eine Art Schlichtungs- oder Schiedsgerichtsverfahren, bei dem – wie bei Gericht – der „Mediator" als „Unparteiischer" sein Urteil über den Fall abgibt, wenn er die Parteien nicht zu einem Vergleich überreden kann, so Bettina Reichert weiter. Vergleichsverhandlungen vor Gericht kennt jeder Anwalt: Der Richter legt seine Rechtsansicht der einen Seite dar und malt in düsteren Farben, wie schlecht ihre Chancen sind. Dann wendet er sich der anderen Seite zu und wiederholt diese Strategie. In vielen Fällen sind beide Seiten so eingeschüchtert, dass sie sich in der Mitte „einigen". Das ist trotz der Vergleichsgebühr für die Anwälte wenig erfreulich, da ihre Mandanten nicht wirklich zufrieden sind. Manche Anwälte können sich Mediation gar nicht anders vorstellen, als dass da jemand sitzt, der sein „Urteil" über den Fall abgibt und die Parteien zu einem Vergleich „überredet". Warum unter dieser falschen Voraussetzung in der Mediation dann bessere Ergebnisse erzielt werden sollten, ist für diese Anwälte unverständlich.

Es ist leichter, ein unangenehmes Urteil des Richters hinzunehmen, da man schimpfen und in die nächste Instanz ziehen kann, bedauert Anwalt Melzer. Dem Satz „Vor Gericht und auf hoher See sind wir in Gottes Hand" wird allerorts Glauben geschenkt. Außerdem ist es so verführerisch, vom Gericht „Recht" zu bekommen. Dafür geht man gerne das Risiko ein, zu verlieren, denn zu Beginn eines Prozesses glaubt jeder an den eigenen Sieg. Über die oft lange Dauer von Gerichtsverfahren und die Intensität der gewechselten Argumente gerät der Mandant ins Zweifeln, kämpft jedoch weiter. Ein Urteil gegen ihn bestärkt ihn dann sogar, dass dieses Gericht wirklich keine Ahnung gehabt habe. Er kann so nicht nur den Weg in die nächste Instanz rechtfertigen, sondern fühlt sich sogar bestärkt in seiner Entscheidung überhaupt zu Gericht gegangen zu sein. Hier lächelt der Geschäftsführer Rolf Neufeld.

Es besteht auch für Anwälte die Befürchtung, dass ein gescheitertes Mediationsverfahren mit seinem Aufwand und Kosten auch auf die eigene Person durch den erteilten Rat zurückfällt. Manche Anwälte haben darüber hinaus kein Interesse, sich in das neue Sachgebiet der Mediation einzuarbeiten.

Allgemeine Vorbehalte aus Sicht der Beteiligten

Nun führt der Betriebsrat Meierhofer seine Vorbereitung aus: Die im nachfolgenden aufgeführten Vorbehalte geben eine Kurzcharakterisierung typischer Einstellungen, die der Akzeptanz der Mediation entgegen stehen können.

- *Unkenntnis der Dynamik:* Für die Beteiligten ist nach Scheitern eigener Verhandlungen ein Nutzen erneuter Verhandlungen oder einer Mediation nicht erkennbar. Die Beteiligten übersehen hierbei, dass der neutrale Dritte eine neue Dynamik erzeugt, die gerade nach gescheiterten Verhandlungen zielführend ist.

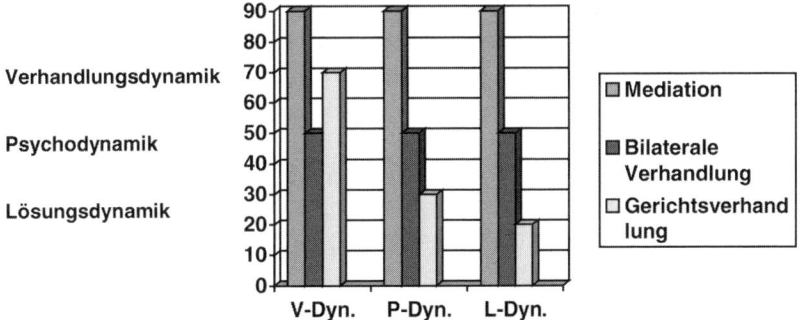

Abb. 4-13: Dynamiken in Mediationen, Verhandlungen und vor Gericht

- *Sorge vor Verantwortung:* Anwalt und Richter sollen die Last der Auseinandersetzung abnehmen. Es ist für die eigene innere Rechtfertigung, aber auch für die Rechtfertigung nach außen, leichter, wenn das Problem an den Anwalt delegiert wurde und dieser bei Gericht scheitert, als man selber.

- *Wunsch nach Durchsetzung des eigenen „Rechts":* Wenn eigene Verhandlungen gescheitert sind, entsteht der Wille nach Vergeltung. So kann sich der Mandant vor Gericht bestätigen lassen, dass er recht hatte und damit die Verhandlungen an der Gegenseite gescheitert sind oder – falls er verliert – greift wieder das Delegations-Scheinargument: Der Anwalt war unfähig, oder eben der Richter, jedenfalls nicht man selbst. Rolf Neufeld blickt in die Runde und denkt an den vergangenen Prozess.

- *Suche nach Sicherheit:* In der Fehlannahme, dass Mediation keine Ergebnissicherheit bieten würde, halten Mandanten das Verfahren generell für ungeeignet. Die in der Mediation gefundenen Ergebnisse können jedoch durch Vertrag abgesichert und vollstreckbar gemacht werden.
- *Angst vor Pathologie:* Gelegentlich ist die Sorge vor „psychologisch-therapeutischer Konfliktaufarbeitung" zu finden. Die Beteiligten glauben, dass es in der Mediation in erster Linie um emotionale Belange ginge und dass das nur etwas für Schwache oder gar „Kranke" wäre.
- *Unkenntnis über Kosten und Nutzen:* Es besteht die Fehlannahme, dass sich die Investition in die Mediation nicht lohne, da die Kosten dafür verloren wären, wenn sie scheitern würde. Dem gegenüber steht zum einen die Erfolgsquote der Mediation mit über 80% zu berücksichtigen; zum anderen klären sich im Verlauf einer Mediation in der Regel so viele Dinge, dass selbst, wenn sie nicht zu einem abschließenden Ergebnis kommt, die Beteiligten eine deutliche Verbesserung der Situation registrieren. Für den verbleibenden Rest werden – wenn ein Gerichtsverfahren folgt – tatsächlich die Kosten dafür zusätzlich aufgewendet. Dabei ist allerdings im Vorfeld zur Abschätzung eine Chancen-Risiko-Abwägung nützlich.

Diese Vorbehalte werden von allen gemeinsam zur besseren Übersicht noch einmal in einer Grafik versinnbildlicht.

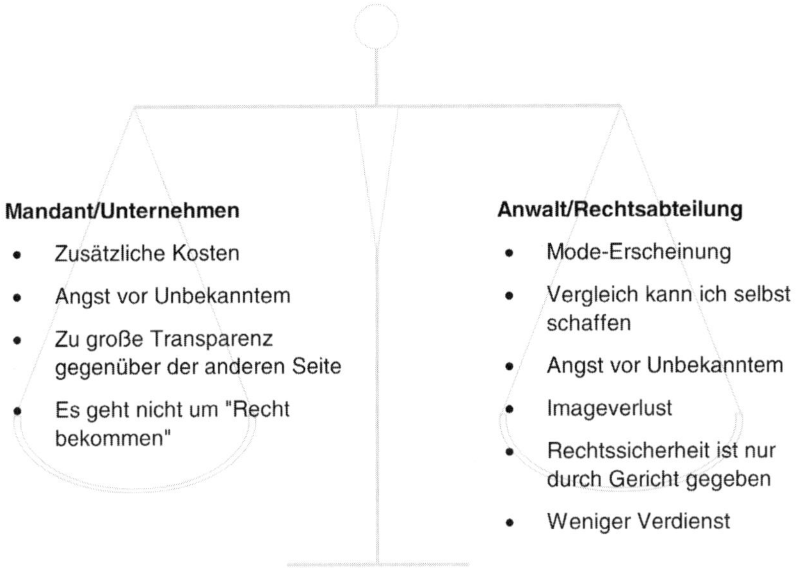

Integration der Mediation 123

Mandant/Unternehmen

- Zusätzliche Kosten
- Angst vor Unbekanntem
- Zu große Transparenz gegenüber der anderen Seite
- Es geht nicht um "Recht bekommen"

Anwalt/Rechtsabteilung

- Mode-Erscheinung
- Vergleich kann ich selbst schaffen
- Angst vor Unbekanntem
- Imageverlust
- Rechtssicherheit ist nur durch Gericht gegeben
- Weniger Verdienst

Abb. 4-14: Typische Sichtweisen von Mandanten und Anwälten

5. Darstellung des Status Quo

Nachfolgend sollen die Vorteile den möglicherweise vorhandenen Vorbehalten gegenüber gestellt werden.

Vorteile für Anwälte

Thomas Melzer ergreift das Wort:

- *Beratung:* Mediation ist eine anwaltliche Dienstleistung i.S.d. § 18 BORA. Der Anwalt müsste auf dieses Verfahren hinweisen, um umfassende Beratung zu leisten.

- *Imagegewinn:* Der Anwalt kann sich als unternehmerisch denkender, nicht rechtsfixierter Berater des Mandanten etablieren. Er ist damit ein innovativer Berater, der ausgetretene Wege verlässt, ein Trendsetter.

- *Mandantenzufriedenheit:* Gelingt die Mediation, ist der Konflikt schnell, vertraulich, kostengünstig und beziehungserhaltend beigelegt. Diese Chance muss mit dem Risiko des Scheiterns der Mediation abgewogen werden.

- *Honorar:* Als beratender Parteianwalt in der Mediation verdient er bis zu 2,5 Gebühren unter Zugrundelegung des RVG für Mandatsübernahme, Teilnahme an der Mediation und Mitwirkung bei der Mediationsvereinbarung (1,0 Ratsgebühr, Nr. 2100 VV RVG, 1,5 Einigungsgebühr, Nr. 1000 VV RVG).

- *Ausweg:* Sind die Rechtsaussichten des Mandanten schlecht oder schlecht beweisbar, bietet die Mediation eine Alternative, da es dabei auf andere Umstände ankommt.

- *Bedarf:* Anwälte werden in der Wirtschaftsmediation gebraucht, um die rechtliche Expertise prozessfördernd integrieren zu können, da das Recht eine sehr große Rolle in der Wirtschaftsmediation spielt, z.B. als Gestaltungsmittel der Einigung, Entscheidungsmaßstab, etc.

Vorteile für Mitarbeiter der Rechts- und/oder Personalabteilung

Hier schaltet sich wieder Karin Forster ein:

- Spezialisierung: Der Gesprächspartner in der Rechts- und/oder Personalabteilung wird zum „Mediationsfachmann".
- Profilierung: Der Gesprächspartner und das Unternehmen gelten als innovativ und progressiv.
- Kostensenkung: Gerichtsverfahren reduzieren sich deutlich bzw. werden entbehrlich. Potenziale der Mitarbeiter werden nicht durch Konflikte blockiert.
- Verantwortung: Die Entscheidung über den Ausgang des Konflikts fällt nicht der Richter, sondern die Beteiligten mit Unterstützung der Rechts- und/oder Personalabteilung selbst.
- Prestige: Problemlöser bei innerbetrieblichen Konflikten.
- Ausweg: Sind die Rechtsaussichten des Mandanten schlecht oder schlecht beweisbar oder gar rein rechtlich nicht erreichbar, bietet die Mediation eine Alternative, da es dabei auf andere Umstände ankommt.
- Bedarf: Hinsichtlich des Rechts in der Wirtschaftsmediation gilt das zu den Anwälten Gesagte. Die organisations- und/oder personalentwicklungstechnische Expertise kann von der Personalabteilung eingebracht werden.

Vorteile für die Beteiligten

Nun kommt wieder Rolf Neufeld zu Wort und wechselt sich mit Meierhofer ab:

- Chance auf eine wirtschaftlich und persönlich vorteilhafte Lösung statt der Durchsetzung des Rechts
- Chance, dass die geschäftliche Beziehung zur Gegenseite erhalten bleibt
- Schaffung der Basis für weitere Zusammenarbeit
- Vergleichsweise geringe Kosten
- Vermeidung der Fremdbestimmung durch Gerichte

- Wirtschaftliche und nervliche Belastung eines langjähriges Prozesses werden vermieden
- Wahrung der Vertraulichkeit
- Vermeidung der Eigendynamik von Konflikten
- Imagegewinn durch Bekenntnis zu innovativem Verfahren

6. Änderung der Streitkultur im Unternehmen

Jedes Unternehmen besitzt eine eigene Kultur. In manchen Unternehmen werden Konflikte als Chance für die Weiterentwicklung zur Produktivitätssteigerung genutzt, anderen Ortes wird Konflikten ignorierend oder gar ablehnend gegenüber gestanden. Wir werden, sagt Rolf Neufeld, durch die Integration der Mediation in unsere Unternehmenskultur die vorhandene Streitkultur optimieren.

Neue Verfahren werden, wie grundsätzlich jede Art von Veränderung, zunächst mit einer verständlichen Reserviertheit betrachtet, da sie in etablierte Bereiche drängen. Sie sind jedoch ein Zeichen des Fortschritts und der Neuerung. Aussagen wie „Das haben wir schon immer so gemacht" und „Das haben wir noch nie so gemacht" sind äußere Anzeichen dieser Abneigung. Sie dokumentieren die eigene Bequemlichkeit, die jedoch jeglichen Fortschritt hemmt und Unternehmen in der Bewertung durch Kunden und Konkurrenz ins Hintertreffen geraten lässt.

Eine Anpassung an geänderte soziologische und intra-unternehmerische Ziele ist daher genauso notwendig wie die Anpassung an veränderte Marktgegebenheiten, betont Neufeld. Dabei muss der ganzheitliche Aspekt im Vordergrund stehen. Ein modernes Unternehmen mit marktorientierten Produkten oder Dienstleistungen wirkt auch durch gelebte zeitgemäße Verfahren. Es kann nicht in den Augen der Kunden und der eigenen Mitarbeiter bestehen, wenn vorhandene Verfahren nicht zum Zukunftsanspruch passen.

Ebenso wie moderne Produktionsmethoden eine Steigerung der Unternehmenswertschöpfung bedeuten, stellen moderne Konfliktlösungsmethoden eine rasche Wiederherstellung einer gestörten Unternehmensproduktivität sicher. Die Bedeutung der Unternehmensressource Mitarbeiter und seiner Zufriedenheit kann nicht überbetont werden, ergänzt Forster. Nur wenn es gelingt, den Mitarbeitern zu vermitteln, dass ihre Konflikte rasch angegangen und nachhaltig gelöst werden, sind sie bereit, diese offen zu legen. Schwelende Konflikte, die nicht behandelt werden, sind ein Zündstoff, den sich kein Unternehmen leisten kann. Das gilt auch für die Geschäftsführer, sagt Rolf Neufeld, zwinkert in die Runde und spielt den Ball an Thomas Melzer weiter.

7. Musterklauseln und Musterverträge zur Mediation

Dieser übernimmt: „In guten Verträgen werden die Kooperation und die Regelung im Falle von Unstimmigkeiten geregelt. Bei Abschluss gehen die Vertragsparteien immer davon aus, dass alle getroffenen Regelungen unproblematisch eingehalten werden können. Da die Erfahrungen jedoch anderes zeigen, sollten alle Verträge vorausschauend auf mögliche Konflikte abgefasst werden."

Ziel der Mediationsklauseln ist es, eine Eskalation und die damit verbundenen meist überflüssigen Mehraufwendungen, wie einen Gerichtsprozess, zu vermeiden. Sie erleichtert den Einstieg in die Mediation, da es erfahrungsgemäß im Konfliktfall schwieriger ist, sich über die adäquate Vorgehensweise zu einigen. „Was wir jedoch geschafft haben", freut sich Melzer.

Mediationsklauseln in Verträgen

Die Exempla GmbH als vorausschauendes Unternehmen wird die nachfolgende Klausel in ihre Verträge aufnehmen, um eine zwangsläufige gerichtliche Auseinandersetzung zu vermeiden und eine wirtschaftlich sinnvolle Alternative zu bieten, entscheidet Rolf Neufeld „Ich habe hier die Klausel des BMWA , bei der auf die Verfahrensordnung des BMWA Bezug genommen wird:

„Bei allen Streitigkeiten aus diesem Vertrag, auch hinsichtlich seiner Wirksamkeit, werden die Vertragspartner zunächst über eine Einigung miteinander verhandeln. Auf Verlangen einer Seite hat eine Mediation nach der aktuellen Verfahrensordnung des BMWA (Bundesverband für Mediation in Wirtschaft und Arbeitswelt e.V.) stattzufinden. Dadurch ist die Einleitung gerichtlicher Verfahren vor dem erfolglosen Abschluss einer Mediation im Regelfall ausgeschlossen. Der BMWA benennt drei bis fünf Mediatoren oder Mediatorenteams."

Die zugehörige Verfahrensordnung des BMWA[3] regelt die juristischen Belange, ergänzt Anwalt Melzer, über die sich die Konfliktbeteiligten vor Beginn einer Mediation keine Gedanken machen wollen. Insbesondere sind die Fristen bzw. deren Hemmung und die Vertraulichkeit des Verfahrens von Bedeutung. Ein Mediator, der nach einer abgebrochenen Mediation zwangsweise in einem anschließendem Gerichtsverfahren als Zeuge vernommen werden könnte, würde die Vereinbarung der Vertraulichkeit ad absurdum führen.

Verfahrensordnung

Eine prägnante Klausel korreliert mit einer Verfahrensordnung, die alle wesentlichen Themen regelt, in sich schlüssig ist und dennoch flexibel genug bleibt, um im Bedarfsfall abgewandelt werden zu können, erläutert Melzer weiter.

Bedenken der Beratungsanwälte:
Mit einer Verfahrensordnung, beispielsweise des BMWA, lässt sich eine Klippe umschiffen. Es hat sich in der Wirtschaft nicht bewährt, den Mediationsvertrag Punkt für Punkt aushandeln zu müssen, bestätigt die Mediatorin Bettina Reichert. Hier haben die Beratungsanwälte vielfach abgewunken und die Mediation verworfen. Der Grund mag darin liegen, dass sie sich mit einer bereits vorhandenen Struktur leichter auf den Mediationsprozess einlassen konnten und können. Vielleicht weil hier terminologisch – wenn auch nicht inhaltlich – eine Parallele zur Zivilprozessordnung (ZPO) besteht, ergänzt Thomas Melzer, etwa nach der Maxime, dass jedes Verfahren seine Ordnung braucht. Wie aber auch sonst im Recht stellt es einen bewährten Modus dar, für typische Interessenlagen dispositive Regelungen bereitzuhalten. Das gilt für materielles Recht ebenso wie für Verfahrensrecht.

---

3 Siehe Anhang

8. Fazit für die Exempla GmbH

Das von der Expertenrunde der Exempla GmbH und der Mediatorin gemeinsam ausgearbeitete Konzept umfasst u.a. einen internen Slogan: „Kooperation kommt von Können". Nach dieser Strategie ist es die größere Herausforderung, Probleme gemeinsam zu lösen, als sie zu ignorieren oder den Anderen verantwortlich zu machen. Hierzu gehören interne Schulungsmaßnahmen für Kommunikation und Verhandlung, regelmäßig stattfindende Treffen der Projektteams, der Abteilungen, und darüber hinaus Meetings zwischen den einzelnen Hierarchieebenen.

9. Evaluierung nach der Einführung

Die Rückmeldung der Führungskräfte nach mehrmonatiger Umsetzung des Konzepts ergibt, dass „der Kleinkram" nicht mehr bei ihnen auf dem Tisch landet, sondern von den Mitarbeitern in Eigenverantwortung gelöst wird. Dadurch können sie sich anderen wichtigen, strategischen Aufgaben intensiver widmen. Außerdem seien die Vorschläge der Mitarbeiter gut in der Praxis umsetzbar. Darüber hinaus würde man auch die daraus resultierende Motivation deutlich spüren.

Eine 18 Monate nach Einführung des Konzepts durchgeführte Überprüfung ergibt eine deutliche Produktivitätssteigerung, die auf die neue Kooperation und Kommunikation zurückzuführen ist. Mittlerweile sind bereits die Wirkungen nach außen seitens der Kunden und Zulieferer spürbar, die zunächst bemerkt haben, dass sich „etwas verändert hat" und die gelebte Strategie hinter dem Slogan „Kooperation kommt von Können" in die Praxis umgesetzt sahen.

Das Konzept der Exempla GmbH wird abgerundet durch zwei Mitarbeiter im Unternehmen, die sich zu Mediatoren ausbilden ließen und intern als Konfliktlotsen fungieren. Daneben wurden auch die Führungskräfte im Einsatz mediativer Techniken geschult. Geschäftsführer Rolf Neufeld, der diese Entwicklung mit Freude und Stolz feststellt, will nun selbst eine Ausbildung zum Mediator machen. Neufeld: „Ich bin fasziniert, wie selbstverständlich die Dinge laufen können, wenn man richtig miteinander redet. Das möchte ich gerne lernen. Ich weiß, dass ich als

Geschäftsführer nicht neutraler Mediator in meinem eigenen Unternehmen sein kann, aber (lacht) vielleicht kann ich ja helfen, wenn es bei der Latona oder anderen Kunden irgendwo hakt. Ich habe Gerd Hagemeier dazu überredet, die Ausbildung mit mir gemeinsam zu machen. Ich denke, das wird auch unsere Geschäftsbeziehung weiter festigen".

10. Zusammenfassung

Aufgrund der negativen Erfahrungen mit den Folgen von Gerichtsstreitigkeiten, wie Zerstörung der Geschäftsbeziehung, Behinderung der Abläufe im eigenen Unternehmen, überflüssige Kosten, Verzögerung und Bindung von Kapazitäten und Kreativität, ist es empfehlenswert, die Wirtschaftsmediation als Vorstufe vor einem Gerichtsverfahren zu wählen. Die Verfahrensordnung des BMWA im Zusammenspiel mit der variablen Klausel stellt dazu ein wichtiges Regelwerk, das sich mit den Anforderungen der Praxis weiterentwickeln wird.

Besonders Unternehmen, die Mediationsklauseln in ihre Vertragswerke einbeziehen, sind von zukunftsweisenden Strukturen geprägt und werden bereits im Vorfeld des Vertragsschlusses eine kooperative Atmosphäre kreieren, die Konflikte weitgehend vermeidet. Im Falle des Auftretens solcher Konflikte wird ein Unternehmen versuchen, diese zunächst im Wege der konstruktiven Kommunikation zu lösen.

In Unternehmen, die Konfliktlösungsmechanismen in ihre Streitkultur integriert haben, besteht ein hohes Maß an Voraussicht und an Wissen, wie teuer einem Unternehmen nicht gelöste Konflikte zu stehen kommen. Die richtige Prävention merkt man daran, dass man nichts merkt. Ähnlich wie in einem gut geführten Haushalt: Solange alles läuft, fällt niemandem etwas auf, aber wenn niemand das Haus pflegt, verkommt es nach und nach.

Die Implementierung dieser neuen Streitkultur setzt wie jeder Konflikt eine Analyse voraus, sowie die Erkenntnis, dass es besser ist, Probleme frühzeitig anzugehen, solange sie noch lösbar sind. Ein umfassendes Konfliktmanagement beschränkt sich jedoch nicht nur auf Mediationsklauseln, sondern spiegelt sich in der gelebten Unternehmenskultur wider.

5

Mediationscheckliste

Der wahre Zweck eines Buches ist, den Geist hinterrücks
zum eigenen Denken zu verleiten.
Christopher D. Morley

Die Mediationscheckliste ist geeignet, um sich gezielt auf eine Wirtschaftsmediation vorzubereiten. Mit ihrer Hilfe werden alle wichtigen Punkte der Mediation erfasst, und es besteht nicht die Gefahr, entscheidende Aspekte außer Acht zu lassen bzw. zu vernachlässigen. Dabei wird in die B2B-Mediation, jene zwischen Unternehmen, und in die Inhouse-Mediation, die innerbetriebliche Mediation unterschieden.

In den anschließenden Unterkapiteln wird auf besondere Anwendungsfelder der Mediation und auf mögliche Fallstricke und Hindernisse eingegangen.

1. Checkliste für Business-to-Business Mediation

Mediations-phase	Teilabschnitt	Einzelschritte
Pre-Mediation	1. Informationen	a. Erläuterung des Mediationsverfahrens für alle Beteiligte b. Einigung, das Verfahren versuchen zu wollen
	2. Rechtlicher, wirtschaftlicher und persönlicher Bezug zum Konflikt	a. Welche Ziele haben die Beteiligten? b. Worum geht es den Beteiligten wirtschaftlich und persönlich? c. Welche Fakten sind strittig und welche unstrittig? d. Welche Fakten sind kritisch, welche sind wichtig und welche sind nur zusätzliches Hintergrundwissen? e. Welche Ansprüche können geltend gemacht werden? f. Welche Gegenansprüche und Verteidigungsmittel sind erkennbar? g. Welche vergleichbaren Gerichtsurteile oder sonstigen branchenüblichen Entscheidungen liegen vor? h. Wichtig ist sicherzustellen, dass der anderen Seite alle Unterlagen zugesandt wurden, die sie haben sollte und, dass die eigene Seite alle angeforderten Unterlagen erhalten hat, die sie haben wollte.
	3. Alternativen	a. Welche anderen Vorgehensweisen und Verfahren sind möglich, wenn keine Einigung erzielt werden kann? b. Welche Fakten haben vor dem Gesetz Bestand? Wie realistisch ist deren Beweisbarkeit? c. Wie wird das Gesetz/der Vertrag von der Rechtsprechung ausgelegt? d. Wie lange und wie teuer würde ein Gerichtsstreit werden? e. Zu welchen möglichen Ergebnissen könnte er führen? f. Was wird voraussichtlich darüber hinaus passieren? g. Welche anderen Optionen stehen der Gegenseite offen? h. Wie viel Zeit kann durch eine Einigung eingespart werden? Welche Auswirkungen hätte eine Einigung darüber hinaus? i. Definition der konkreten Ziele.
	4. Auswahl des Mediators	a. Kompetenz und Erfahrung bzw. weitere Kriterien b. Prüfung auf Interessenkonflikt c. Gebühren/Honorar d. Einigung der Parteien auf einen Mediator/Mediatorin

	5. Abschluss der Mediations-vereinbarung	a. Klärung der Einigungsbefugnis
		b. Abschluss der Mediationsvereinbarung unter:
		  1. Zeitpunkt, Ort und Teilnehmer
		  2. Teilnahme aller Personen mit Vertretungsmacht
		  3. Hinweis auf die Einhaltung der Vertraulichkeit
		  4. Kostenklärung

	6. Vertrauliche Pre-Mediation-Papers für den Mediator	a. Prägnante Darstellung der Kernpunkte des Konflikts b. Ggf. Erstellung eines Zeitplans der geschehenen Ereignisse c. Beschreibung der Teilnehmer und ihrer Beziehung zum Fall

Mediations-phase	Teilabschnitt	Einzelschritte
Main Mediation	7. Opening durch den Mediator	a. Schaffung einer Atmosphäre des Vertrauens b. Festlegung des Meta-Ziels (= Lösung, mit der alle zufrieden sind) c. Kriterien, durch die die Zufriedenheit festgestellt werden kann d. Vereinbarung von Umgangsregeln im Verfahren
	8. Eröffnungs-statement der Beteiligten	a. Vorstellung der eigenen Person b. Bekräftigung des Vertrauens in das Verfahren c. Darstellung der eigenen Sichtweise
	9. Durchlaufen der Verfahrens-schritte	a. Von den Positionen zu den dahinterliegenden Interessen b. Von den Interessen zu den Optionen, die die Interessen befriedigen würden (Kreative Phase) c. Auswahl und Verhandlung der Optionen (Kognitive Phase) d. Maßschneidern eines Lösungspakets, das alle Beteiligten zufrieden stellt
	10. Optionaler Caucus = Einzelgespräch (optional bei Nr. 8 und 9)	a. Identifikation der Stärken und Schwächen der Situation b. Diskussion des erwarteten Ergebnisses des vorliegenden Falls c. Besprechung des Verhandlungsspielraums d. Besprechung übersehener Elemente e. Festlegung der Informationen für das Plenum
	11. Externe Expertise (optional)	a. Auswahl der Experten b. Klärung der Kosten c. Nutzung der Expertise
Post-Mediation	12. Gestaltung des Mediations-abschluss-vertrages	a. Klärung, in welcher Form ein Vertrag gestaltet werden kann/muss b. Festlegung, wer den Vertrag wie gestalten soll c. Vertragsdurchsicht und ggf. Modifizierung d. Vertragsunterzeichnung
	13. Evaluation	a. Umsetzung des Vertrags b. Qualitätsmanagement durch Evaluation des Verfahrens

Abb. 5-1: Checkliste für die Mediation - Pre-, Main- und Post-Mediation

Die Mediationscheckliste gliedert sich in drei Abschnitte, die chronologisch ablaufen und aufeinander aufbauen.

2. Checkliste für Inhouse Mediation

Die Checkliste unter 5.1 kann ebenfalls auf die Inhouse Mediation angewandt werden. Dabei gilt es jedoch einige Besonderheiten zu beachten: Die Abschnitte 4 (Pre-Mediation), 8 und 9 (Main-Mediation) fallen in der Regel weg. Die Abschnitte 10 und 11 müssen bei der Inhouse Mediation nicht notwendigerweise vertraglich umgesetzt werden.

3. Vorbereitung als Team: Berater und Mandant bzw. Rechtsabteilung und Unternehmen

Sobald der Fall geprüft ist und alle Fragen zu den Alternativen beantwortet sind, sollte die vorbereitende Besprechung stattfinden, unter anderem mit der Erläuterung der Darstellung des Ablaufs einer Mediationssitzung. Ziel ist es, auf Grund der vorgenommenen Antizipation als Team optimal zusammenzuwirken.

4. Zeitpunkt und mögliche Fallstricke und Hindernisse in der Mediation

Je früher in Wirtschaftsprozessen mediiert wird, umso wahrscheinlicher kann eine win-win-solution ausgearbeitet werden. Je früher ein Fall insgesamt mediiert wird, umso geringer ist der Schaden, der aufgefangen werden muss und umso schneller gelangt man zu einem einvernehmlichen Ergebnis.
Es gibt verschiedene Gründe für ein mögliches Scheitern einer Mediation.

- Mangel an Einigungskompetenz
- Mangel an Vorbereitung
- Mangel an Kooperation

In Kenntnis der Fallstricke und Hindernisse kann der Berater dieses Verfahren wie jedes andere ihm zur Verfügung stehende Werkzeug nutzen, um den Fall besser aufzubauen und eine bessere Lösung zu finden.

5. Zusammenfassung

Um optimale Ergebnisse bei der Mediation zu erzielen, ist die ausführliche Vorbereitung eine der wichtigsten Grundvoraussetzungen. Neben der unabdingbaren positiven Einstellung, eine Einigung erreichen zu wollen, erfordert es die Mediation, offen mit Informationen umzugehen.

Zunächst sind Fragestellungen erforderlich, welche Art von Konflikt vorliegt und welche Alternativen es zur Mediation gäbe. Wenn sich die Mediation in der Vorprüfung als geeignetes Verfahren herausgestellt hat, werden sich die Konfliktbeteiligten zusammen mit dem mediativen Berater, dem Beratungsanwalt oder der Rechtsabteilung gezielt darauf vorbereiten, in der Mediation als Team aufzutreten.

Um in der Vorbereitungsphase keinen der wichtigen Punkte zu übersehen, sollte nach der Mediationscheckliste vorgegangen werden.

In Wirtschaftsprozessen kommt die Chance zum Tragen, Kosten im Zaum zu halten, Fehler zu korrigieren und die Geschäftsbeziehung zu erhalten. Zur bestmöglichen Vorbereitung gehört es, den Blick auf mögliche Fallstricke und Hindernisse zu richten, um diese vermeiden zu können.

Darüber hinaus muss sichergestellt sein, dass die Mediation nicht dazu missbraucht wird, die andere Seite hinzuhalten. Die innere Haltung und eine positive kommunikative Einstellung sind neben der Einhaltung der essentiellen formalen Voraussetzungen die Grundlage mediativer Verhandlungen.

6

Schlüsselfunktion des Mediators

Wenn du willst, dass Menschen ein Schiff bauen, gib ihnen nicht einen
Plan, oder Hammer und Nägel, sondern entzünde in ihnen die Sehnsucht
nach dem weiten, offenen Meer.
Antoine de Saint-Exupéry

Der Mediator leitet die Verhandlungen, gibt ihnen Struktur und Rahmen und wirkt katalytisch auf die Konfliktparteien. Er nimmt dabei eine Reihe verschiedenster Aufgaben wahr. Um diese optimal erfüllen zu können, werden an den Mediator hohe Anforderungen gestellt. Die Grundlagen dafür wurden einerseits durch die Mediatorenausbildung, andererseits bereits durch den Grundberuf gelegt. Im Zuge des lebenslangen Lernens und Entwickelns durch die Mediatorentätigkeit werden diese Fertigkeiten immer weiter verfeinert und vertieft.

1. Anforderungen an einen Mediator

Ein guter Mediator ist eine gefestigte Persönlichkeit und verfügt über eine entsprechende Mediationskompetenz. Er besitzt Führungsqualitäten ebenso wie Feingefühl, Hartnäckigkeit, emotionale Stabilität, Integrität, Reife (nicht nur Alter), Einsicht in sich selbst sowie seine Medianten und deren Berater. Andere wünschenswerte Fähigkeiten eines Mediators betreffen seine verbalen wie non-verbalen Kommunikationsfähigkeiten. Denn sie verkörpern einen großen Teil der Effektivität eines Mediators.

Die Tools und die Fachkompetenz erlernt man in der Mediationsausbildung, soweit man nicht ohnehin bereits Vorkenntnisse aus anderen Bereichen mitbringt. Die „Selbstkompetenz" als Teil der Schlüsselqualifikationen" ist nicht erlernbar wie eine Technik, sondern ein Teil der Persönlichkeitsentwicklung, der sich in einer guten Mediationsausbildung wie ein roter Faden durchzieht. „Bewusstsein" und „Reflexionsfähigkeit" als Teil der „Schlüsselqualifikationen" bedeutet, sich und die Medianten im Blick zu halten und situationsadäquat handeln zu können. Dies bedingt eine fortlaufende kritische Selbstbetrachtung inklusive Anpassung an neue Erkenntnisse. Auch hierfür wird der Grundstein in der Mediationsausbildung gelegt. Es gehört wie bei den übrigen Schlüsselqualifikationen, die Teil der sozialen Kompetenz sind, eine entsprechende Lebens- und Arbeitshaltung dazu. Gleichzeitig ist es für Führungskräfte mehr als nützlich, den Anforderungen an einen Mediator zu entsprechen. Dies geht soweit, dass eine Mediationsausbildung – abgesehen von dem jeweils notwendigen Fachwissen – eine essentielle Grundlage für die Generierung und die Konsolidierung von Führungskompetenz ist. Auch wenn eine Führungskraft als Mediator, gerade aufgrund ihrer Rolle als Vorgesetzter, dann nicht im klassischen Sinne zwischen den eigenen Mitarbeitern auftreten kann, wird sie dennoch täglich davon profitieren.

Aufteilung der Anforderungen an den Mediator in „Tools", „Fachkompetenz" und „Schlüsselqualifikationen".

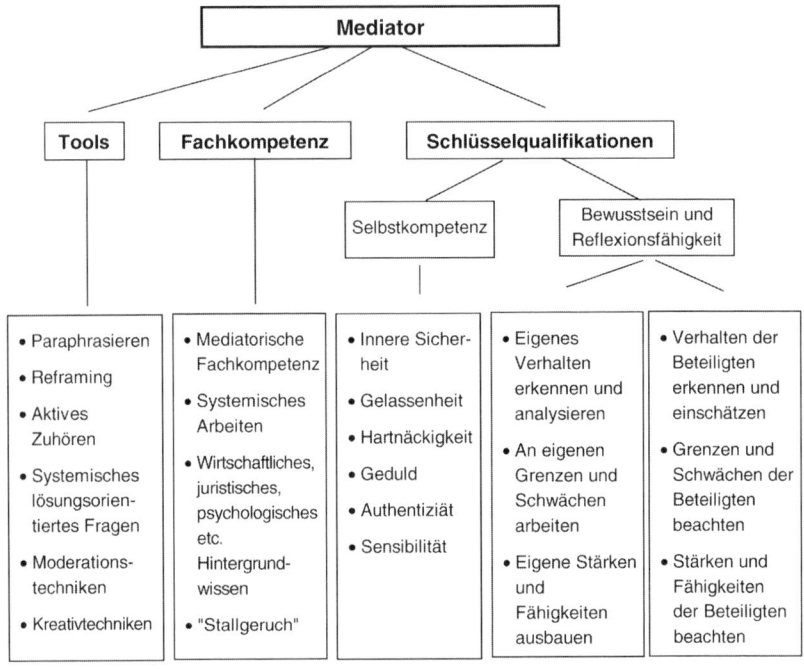

Abb. 6-1: Anforderungen an einen Mediator

2. Der Mediator als Kommunikator

Es gibt keine Mediation ohne Kommunikation. Es findet immer mindestens eine Form der Kommunikation statt: Kommunikation der Beteiligten mit dem Mediator sowie Kommunikation der Beteiligten untereinander.

Hierbei kommt der Funktion des Mediators als neutralem Mittler eine zentrale und zentralisierende Aufgabe zu, denn die Kommunikation der Beteiligten untereinander ist meist stark gestört. Über den Mediator als Mittelsmann können die Beteiligten ihre Positionen und Interessen formulieren. Der Mediator kann die Inhalte mit eigenen Worten wiederholen und in einen verständlichen, vorwurfsfreien Kontext überleiten. Nach einiger Zeit werden die Beteiligten in zunehmendem Maße selbst miteinander kommunizieren. Der Mediator fungiert somit als katalytischer Moderator, indem er die Gesprächsbereitschaft der Beteiligten in Gang setzt und aufrecht erhält.

In jedem Fall bedient er sich der zur Verfügung stehenden Möglichkeiten der Kommunikation um die Beteiligten zu einer positiven Interaktion zu bringen. Dabei sind im Verlauf der Mediation folgende einzelnen Stadien der Kommunikation erkennbar:

Erstes Stadium – Kommunikation findet fast nur über den Mediator statt. Die Konfliktbeteiligten interagieren kaum.

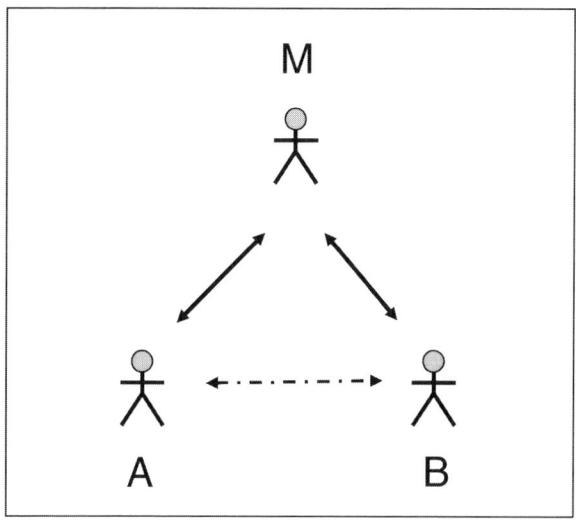

Abb. 6-2: Erstes Stadium – Kommunikation fast nur über den Mediator

Zweites Stadium – Gleichwertig verteilte Kommunikation zwischen allen Beteiligten

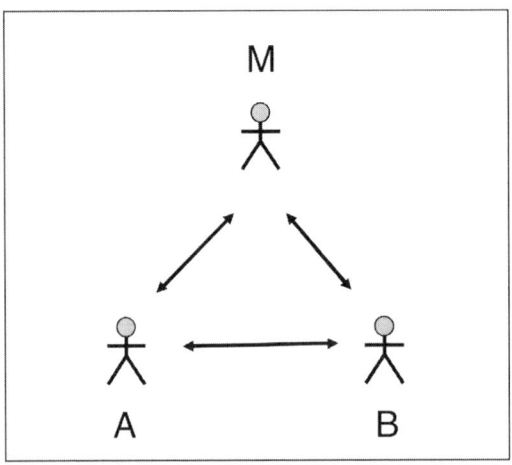

Abb. 6-3: Zweites Stadium – Gleichwertig verteilte Kommunikation zwischen allen Beteiligten

Drittes Stadium – Kommunikation findet vornehmlich zwischen den Konfliktbeteiligten statt

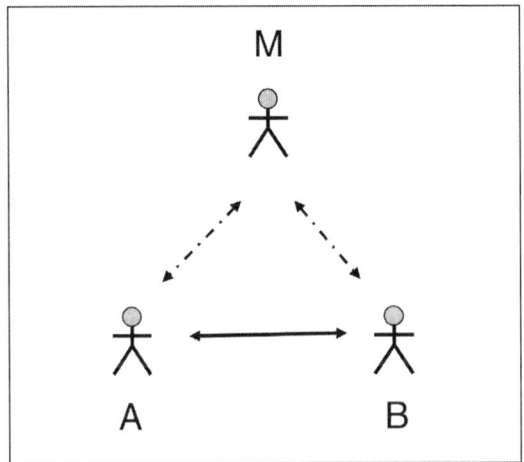

Abb. 6-4: Drittes Stadium – Kommunikation vornehmlich zwischen den Konfliktbeteiligten

Transparenz und Orientierung

Alle Beteiligten sollten einen gemeinsamen Informationsstand besitzen. Dies schafft Klarheit sowie Transparenz und gibt Orientierung.

Vertrauen und Empathie

Gute Mediatoren gewinnen Vertrauen, indem sie aktiv zuhören. Sie verstehen die Sachlage aus der Sicht der Beteiligten und lassen es sie in kommunikationstechnischer Weise wissen. Die Fähigkeit des Mediators, das Wichtige aus dem Gesagten herauszuarbeiten, überzogene Aussagen durch Reframen zu relativieren, sowie ein situationsangepasster Humor unterstützen die Beteiligten.

Mediation ist harte Arbeit. Die Medianten müssen ihre Vermutungen hinterfragen und ihre Fantasien hinsichtlich der Durchführbarkeit erkennen. Ein guter Mediator sorgt dafür, dass vorhandene Spannungen abgebaut werden. Mit fortschreitender Mediation steigert der Mediator die Intensität des Willens der Beteiligten, die Sache selbst regeln zu wollen.

Wechselwirkungsmanagement

Dies beinhaltet die Wahrung geeigneter Kontrolle über den Ablauf. Mediatoren sind Experten darin, die Beteiligten kreativ und produktiv bei der Sache zu halten, ohne Druck auszuüben. Sie geben jedem Beteiligten Raum, sich auszudrücken. Sie reagieren konstruktiv auf Druckausübung, einschließlich persönlicher Attacken. Mit dieser Eigenschaft kann der Mediator mit den wirklichen Anliegen der Beteiligten, den dahinterliegenden Interessen und den Dreh- und Angelpunkten arbeiten, die erforscht werden müssen, um die Anstrengungen der Beteiligten produktiv zu halten.

Kommunikation als Mittel der Konfliktlösung

Die Wirkung von Kommunikation ist je nach Ausprägung unterschiedlich. Sie reicht von schlecht über neutral zu positiv. Trotz größter Bemühungen ist es realistischerweise im Wirtschaftsleben nicht immer möglich, eine optimale Kommunikation zu allen Beteiligten aufzubauen und aufrecht zu erhalten. Diese Schwankungen können in der Regel selbst erkannt und ausgeglichen werden. Werden diese Schwankungen jedoch ignoriert, kommt es zu Defiziten, die ohne Drittintervention nicht behebbar sind.

Zustand der vorhandenen Kommunikation	Wirkung auf einen Konflikt
Mangelhafte Kommunikation	Konflikt-auslösend
Ausreichend vorhandene Kommunikation	Konflikt-verhindernd
Verbesserte Kommunikation	Konflikt-lösend

Abb. 6-5: Wirkung der Kommunikation auf Konflikte

Kommunikation als Bestandteil des Konfliktlösungsprozesses

Diese Erkenntnis begründet den Ansatz der Mediation:
- Gezielte Deeskalation
- Neuaufnahme der Kommunikation
- Gemeinsame Regelung

Dazu ist es unabdingbar, dass die Kontrahenten zusammengebracht werden und in einem geeigneten Setting über die vorhandenen Probleme miteinander reden können. Dieses durch den Mediator arrangierte Setting schafft eine Atmosphäre, innerhalb derer sich die Beteiligten zusammenfinden können. Die Tatsache, dass sie es tun, ist bereits der erste und gleichzeitig der wichtigste Schritt auf dem Weg zu einer Konfliktlösung.

Kommunikation – Störungen und Lösungen

Fehlerhafte Kommunikation als häufige Grundlage eines Konflikts

Die Vorbedingung für den positiven Verlauf einer Mediation ist – neben dem Willen der Beteiligten, ihren Konflikt zu lösen – eine effektive Kommunikation. Dem liegt die These zugrunde, dass die meisten Konflikte zumindest auch auf einer fehlerhaften Kommunikation beruhen.

Fehlerhafte Kommunikation beginnt schon auf der Ebene einfacher Missverständnisse, somit in Fällen, in denen die Nachricht des Senders vom Empfänger anders interpretiert wird als vom Sender beabsichtigt. Solche Kommunikationsfehler lassen sich zwar durch das Einholen von Rückmeldungen relativ leicht vermeiden bzw. korrigieren, aber bei voll entwikkelten Konflikten gelingt es den Kontrahenten nur noch, sich gegenseitig selektiv wahrzunehmen. Daher ist die erste Bedingung für eine effektive Kommunikation, dass sehr präzise kommuniziert wird: Dies meint, der Sender muss seine Nachricht klar und deutlich ausdrücken und zudem kontrollieren, ob verstanden worden ist, was er meint. Hierbei unterstützt der Mediator die Beteiligten durch Paraphrasieren, aktives Zuhören und Reframing, bis aufgrund der damit geförderten Deeskalation die direkte Kommunikation zwischen den Beteiligten wieder ermöglicht worden ist.

Kommunikationsstil des Mediators

Der Mediator hat dafür Sorge zu tragen, dass die Schritte des Verfahrens eingehalten werden. Er soll durch seine akzeptierende Haltung und seinen konstruktiven Kommunikationsstil ein Modell bieten für die in der Situation geforderten Verhaltensweisen. Er muss destruktive Kommunikation unterbinden und durch Rückfragen unbeholfene Formulierungen klären. Diese Form der zusammenfassenden Rekapitulation eignet sich auch sehr gut dazu, weitere bearbeitungsfähige Punkte heraus zu finden und festzuhalten.

Weil die Beteiligten sowohl die Konfliktdefinition als auch die Lösung selbst erarbeiten, ist die Sicherheit gegeben, dass der Konflikt wirklich beendet werden kann. Die Tatsache, dass die Lösung gemeinsam gefunden wurde, bewirkt eine starke Motivation zur Einhaltung der getroffenen Abmachungen. Damit erübrigen sich aufwendige Kontroll- und Durchsetzungsmaßnahmen – diese werden weitgehend durch Selbstkontrolle ersetzt. Durch den gemeinsam überwundenen Konflikt eröffnet sich eine Perspektive, eine einmal gefundene sachliche Kommunikationsbasis fortzuführen.

Das Mediationsverfahren ist daher eher gegenwartsbezogen und zukunftsorientiert, es löst sich von einer Vergangenheitsaufarbeitung, wie sie beispielsweise für einen Rechtsstreit bei Gericht typisch ist.

3. Erforderliche psychologische Kenntnisse

Entstehung von Beziehungsproblemen

Beziehungsprobleme entstehen für die Betroffenen meist unerwartet bzw. „quasi aus dem Nichts" heraus. Tatsächlich sind sie eng an die Maßstäbe des Einzelnen gekoppelt und vollziehen sich in einem längeren Entwicklungsprozess. Durch die unbewusste Gegenüberstellung der eigenen Er-

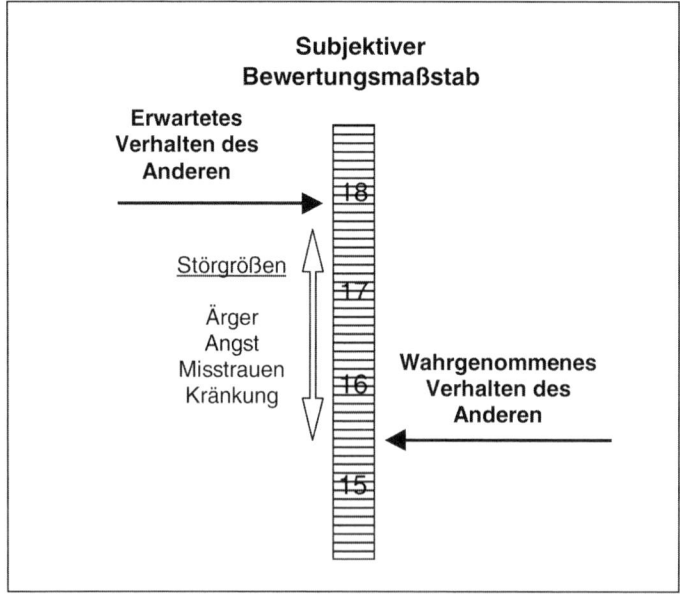

Abb. 6-6: Diskrepanz zwischen erwartetem und wahrgenommenem Verhalten als Ursache von Beziehungsproblemen

wartung mit dem Verhalten des Anderen, wird die resultierende Differenz ständig geprüft und bewertet.

Die Diskrepanz zwischen dem erwarteten Verhalten einerseits und dem wahrgenommenen Verhalten andererseits, die stark durch verschiedene Störgrößen beeinflusst wird, führt dazu, das Verhalten des Anderen als „falsch" einzustufen. Dies muss objektiv nicht zutreffen, kann jedoch leicht entstehen, da die eigenen Normen, Erfahrungen, Anschauungen und Interpretationen als unumstößlich betrachtet werden.

Aufgrund der stark subjektiv gefärbten Einstufung in die Kategorie „falsch" entsteht ein Beziehungsproblem, das sich zu einem Beziehungskonflikt ausdehnen kann. Der Andere, dessen Verhalten vom eigenen abweicht, ist automatisch „schuld". Diese „Schuld" wird üblicherweise personifiziert, anstatt sie zu versachlichen, um von der eigenen Person abzulenken.

Die Kenntnis über die Entstehungsweise von Beziehungsproblemen gibt dem Mediator die Möglichkeit, frühzeitig während der Mediationsverhandlung einzuschreiten, wenn Meinungen und Fehlinterpretationen zu Zwistigkeiten führen würden.

Befriedungsdreieck

Die endgültige Befriedung eines Konflikts – im Gegensatz zur ausschließlichen Befriedigung von Ansprüchen und Forderungen – findet auf drei unterschiedlichen Ebenen statt:
- Verfahrensebene
- Psychologische Ebene
- Inhaltliche Ebene

Erst wenn alle Anliegen auf allen drei Ebenen berücksichtigt wurden, kann von einer wirklichen Befriedung ausgegangen werden. Sind einzelne Bereiche nicht befriedet, wird diese Unzufriedenheit in Unfrieden enden, und die Konfliktspirale wird sich weiter drehen.

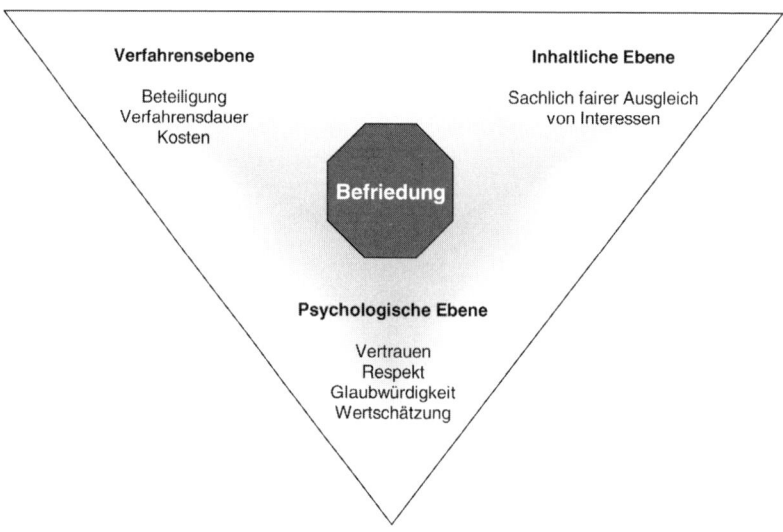

Abb. 6-7: Befriedungsdreieck

4. Nach welchen Kriterien sollte man den Mediator auswählen?

Die Kriterien für einen guten Mediator sind vergleichbar mit denen für einen Arzt. Er soll ein Fachmann sein, am besten eine Choryphäe, aber bezahlbar. Jemand mit Berufserfahrung, aber nicht zu alt. Jemand mit Dynamik, aber auch nicht zu jung. Die wirkliche Qualität kann sowieso erst im Nachhinein beurteilt werden. Sie drückt sich in einer Kombination aus Fachkompetenz und Umgang mit dem Patienten aus. Ähnlich verhält es sich mit dem Mediator, auch seine Qualität setzt sich aus Fach- und Sozialkompetenz zusammen. Letztere ist, wie beim Arzt, nicht ohne weiteres in einer Liste erfassbar.

Bei der Suche nach einem geeigneten Mediator können die verschiedenen Kriterien für eine Vorauswahl herangezogen werden. Die meisten Institutionen schlagen danach im rollierenden Prinzip drei bis fünf Mediatoren vor und senden den Beteiligten die Profile zu. Die Suchkriterien in den Mediationsdatenbanken sind quantifizierbare Kriterien. Ganz wesentlich für die Mediation und ihren Erfolg sind jedoch die nicht quantifizierbaren Kriterien. Insofern ist es nützlich, sich von den Mediationsverbänden bei der Auswahl beraten zu kassen. Die reine Suche nach messbaren Kriterien kann in der Regel selbst in der Internet-Datenbank auf den jeweiligen Homepages der Mediationsorganisationen vorgenommen werden.

Quantifizierbare Eigenschaften eines Mediators

Die oben aufgeführten quantifizierbaren Eigenschaften stellen die nachprüfbaren Kriterien dar: Auf einfache Weise können verschiedene in Frage kommende Mediatoren miteinander verglichen werden. In fast allen Mediatorenlisten, die von Institutionen geführt werden, sind solche Kriterien enthalten. Zunächst sind seine Ausbildung und Erfahrung ein wesentlicher Ansatz zur Auswahl des Mediators. Bei Wirtschaftsstreitigkeiten werden häufig Mediatoren beauftragt, die im Grundberuf Anwälte oder Berater mit kaufmännischem, steuerrechtlichem und/oder psychologischem Hintergrund sind.

Gerade im internationalen Bereich sind Mediatoren mit umfangreichen Sprachkenntnissen erforderlich. Sollte beispielsweise ein französisches

Unternehmen mit einem Unternehmen aus Spanien zusammen mit einem deutschen Mediator ein Mediationsverfahren durchführen, bietet sich die englische Sprache an, da keiner der Beteiligten sie als Muttersprache spricht.
Der Ort der Niederlassung des Mediationsbüros kann eine Rolle spielen. Für manche Beteiligte und in manchen Fällen ist es wichtig, dass der Mediator aus der jeweiligen Gegend kommt, da ihnen der Regionalbezug und die Einsparung von Fahrtkosten vorrangig sind. Für andere Beteiligte und in anderen Fällen kann es von Interesse sein, einen Mediator zu bestimmen, der die Unternehmen überhaupt nicht kennt und durch die Ortsferne einen anderen Blickwinkel mitbringt.

Quantifizierbare Kriterien

- Ausbildung zum Mediator und laufende Fortbildung
- Berufserfahrung als Mediator
- Ort der Niederlassung
- Grundberuf
- Alter
- Geschlecht
- Sprachkenntnisse
- Zugehörigkeit zu einem bestimmten Verband
- Neutralität [4]

Abb. 6-8: Quantifizierbare Kriterien bei der Auswahl des Mediators

Nicht quantifizierbare Kriterien eines Mediators

Der Mediator sollte eine Persönlichkeit sein. Dazu gehören Lebenserfahrung, ein Gespür für Menschen und Situationen, den Erfahrungsschatz, darauf richtig und gewandt zu reagieren und, nicht zu vergessen, ein gesunder Humor.

---

4 Diese ergibt sich aufgrund der Rahmenbedingungen des Einzelfalles

Schlüsselfunktionen des Mediators 149

In wirtschaftlichen Bereichen (insbesondere B2B) sind vornehmlich Juristen, Betriebswirte, Wirtschaftsberater mit einer entsprechenden Zusatzausbildung aufgrund ihrer Vorbildung prädestinierte Mediatoren.

Nicht quantifizierbare Kriterien

- Persönlichkeit
- Fingerspitzengefühl
- Menschlichkeit
- Humor
- Vertrauen
- Gewandtheit
- Lebenserfahrung
- Ausstrahlung
- Kommunikationsfähigkeit
- Rasche Analyse komplexer Zusammenhänge
- Fähigkeit, aktiv zuzuhören
- Wirtschaftliche Denkweise
- Soziale und emotionale Kompetenz
- Strukturiertes Vorgehen
- Kreativität und Phantasie
- Souveränität
- Rhetorische Fertigkeiten
- Autorität
- Integrität

Abb. 6-9: Kriterien der sozialen Kompetenz bei der Auswahl des Mediators

Sie können sowohl die rechtlichen Komponenten, als auch meist die wirtschaftlichen Aspekte einschätzen. Daneben spielen psychologische Belange eine große Rolle. Je emotionaler die Konflikte geführt werden, desto häufiger werden Psychologen, Soziologen und Pädagogen – besonders für die innerbetriebliche Mediation – herangezogen. Wichtig ist bei den Fachkenntnissen, dass sie für den Mediator einen Hintergrund bilden, vor dem er den Prozess leitet und Fragen stellt, nicht jedoch, um sich als Experte zu profilieren.

Die richtige Mischung

Aus alledem zeigt sich, dass der richtige Mediator eine geignete Mischung aus verschiedenen Kriterien verkörpern soll. Diese Mischung muss zu den Beteiligten passen: Nicht jeder gute Mediator passt zu jedem Medianten. Schlussendlich treffen die Beteiligten, die Medianten, die Entscheidung; denn sie müssen den Mediator in seiner Funktion als Koordinator, aber auch als Menschen annehmen.

Neben den oben aufgeführten Kriterien wird jeder Beteiligte weitere Kriterien nennen können, die ihm besonders wichtig erscheinen. Dies kann ein gewisser Stil sein, die Bevorzugung eines bestimmten Geschlechts oder Alters, oder die Einstellung zum Verfahrensablauf, z.B. ausgeprägte Nutzung des Caucus (Einzelgespräch).

Ebenso spielen Integrität und Ausstrahlung, die häufig unbewusst wahrgenommen und bewertet werden, eine Rolle bei der Auswahl des Mediators.

7

Nachwort

Sage nicht immer, was Du weißt, aber wisse immer, was Du sagst.
Matthias Claudius

Mit dem notwendigen Rüstzeug versehen, haben es die Exempla GmbH und die Latona GmbH geschafft, ihre Unternehmenskultur hinsichtlich Konfliktvermeidung und –management zu optimieren.

Die erfolgreiche, effiziente und nachhaltige außergerichtliche Beilegung eines Streits mit einem Partnerunternehmen hat beiden den Weg gewiesen, die unternehmensinternen Strukturen und ihre Ausprägung in Bezug auf den Umgang mit Konflikten zu analysieren und in ein kooperatives Modell umzuwandeln. Dabei wurden die Grundsätze der Business Mediation in die Unternehmenskultur auf allen Hierarchiebenen des Unternehmens integriert.

Die erfolgreiche Umsetzung der Wirtschaftsmediation mit ihren Vorteilen für die beteiligten Akteure schafft ideale Voraussetzungen für die Motivation der Mitarbeiter, die Vermeidung von Reibungsverlusten und die Optimierung der Prozessabläufe. Letztlich führen diese Aspekte zu einer angestrebten Steigerung der Produktivität und somit zur Weiterentwicklung des Unternehmens.

Als solches ist der Wert der Wirtschaftsmediation nicht hoch genug einzuschätzen. Es sei daher allen Lesern nahegelegt, den eigenen Umgang mit Konflikten und deren Strukturen zu reflektieren und sich im Sinne der Wirtschaftsmediation zu einer besseren Streitkultur führen zu lassen.

8

Anhang

1. Konfliktbezogener Persönlichkeitstest frei nach Xicom

(Übertragung aus dem Englischen)

Der folgende konfliktbezogene Persönlichkeitstest beruht auf dem *Management of Differences Exercise*, der von Xicom International aufgestellt wurde.

Der Test bietet die Möglichkeit, über die Auswertung von 30 beantworteten Fragen, die Neigung des Einzelnen abzuschätzen, wie dieser in einem Konfliktfall typischerweise reagieren wird. Dabei ist das Ergebnis nicht absolut zu betrachten, sondern kann als Anhalt mit einer gewissen Wahrscheinlichkeit dienen. Die letztendliche, „echte" Reaktion in einem Konflikt ist von einer unüberschaubaren Vielzahl von Einflussfaktoren abhängig und sollte für sich bewertet werden.

Management of Differences Exercise

© Xicom International. All commercial rights reserved.

1. A Es gibt Zeiten, da lasse ich Andere die Verantwortung dafür übernehmen, das Problem zu lösen.
   B Lieber als die Dinge zu verhandeln, über die wir nicht einer Meinung sind, versuche ich die Dinge zu betonen, bei denen wir beide übereinstimmen.

2. A Ich versuche, eine Kompromisslösung zu finden.
   B Ich versuche, alle Interessen von ihm/ihr und mir selbst zu behandeln.

3. A Normalerweise bin ich beständig in der Verfolgung meiner Ziele.
   B Es kann sein, dass ich versuche, die Gefühle des Anderen zu besänftigen und unser Verhältnis zu bewahren.

4. A Ich versuche, eine Kompromisslösung zu finden.
   B Manchmal gebe ich meine eigenen Wünsche zugunsten der Wünsche der anderen Person auf.

5. A Ich suche durchweg die Hilfe des Anderen bei der Ausarbeitung einer Lösung.
   B Ich versuche das zu tun, was notwendig ist, um unnötige Spannungen zu vermeiden.

6. A Ich versuche, die Schaffung von Unannehmlichkeiten für mich selbst zu vermeiden.
   B Ich versuche, meine Position durchzusetzen.

7. A Ich versuche, die Streitfrage zu verschieben bis ich Zeit habe, darüber nachzudenken.
   B Ich gebe manche Punkte im Tausch gegen andere Punkte auf.

8. A Normalerweise bin ich beständig in der Verfolgung meiner Ziele.
   B Ich versuche, alle Interessen und Streitfragen sofort an die Öffentlichkeit zu bringen.

9.	A	Ich meine, dass Differenzen es nicht immer wert sind, sich deswegen zu beunruhigen.
	B	Ich unternehme einige Anstrengung, meinen Willen durchzusetzen.
10.	A	Ich bin beständig in der Verfolgung meiner Ziele.
	B	Ich versuche, eine Kompromisslösung zu finden.
11.	A	Ich versuche, alle Interessen und Streitfragen sofort an die Öffentlichkeit zu bringen.
	B	Es kann sein, dass ich versuche, die Gefühle des Anderen zu besänftigen und unser Verhältnis zu bewahren.
12.	A	Manchmal vermeide ich, Stellung zu beziehen, die eine Kontroverse hervorrufen würden.
	B	Manchmal vermeide ich, Stellung zu beziehen, wenn er/sie mir einen Teil meiner Positionen zugesteht.
13.	A	Ich schlage einen Mittelweg vor.
	B	Ich bestehe nachdrücklich auf meiner Position.
14.	A	Ich nenne ihr meine Ideen und frage sie nach ihren.
	B	Ich versuche, ihr die Logik und Vorteile meiner Position aufzuzeigen.
15.	A	Es kann sein, dass ich versuche, die Gefühle des Anderen zu besänftigen und unser Verhältnis zu bewahren.
	B	Ich versuche das zu tun, was notwendig ist, um Spannungen zu vermeiden.
16.	A	Ich versuche, die Gefühle des Anderen nicht zu verletzen.
	B	Ich versuche, die andere Person von den Vorzügen meiner Position zu überzeugen.
17.	A	Normalerweise bin ich beständig in der Verfolgung meiner Ziele.
	B	Ich versuche das zu tun, was notwendig ist, um unnötige Spannungen zu vermeiden.
18.	A	Wenn es die andere Person glücklich macht, lasse ich ihr ihre Ansichten.
	B	Ich lasse der Person einige ihrer Positionen, wenn sie mir einen Teil meiner lässt.

Anhang 155

19. A Ich versuche, alle Interessen und Streitfragen sofort an die Öffentlichkeit zu bringen.
    B Ich versuche, die Streitfrage zu verschieben bis ich Zeit hatte, darüber nachzudenken.

20. A Ich versuche umgehend, unsere Differenzen aufzuarbeiten.
    B Ich versuche, eine sinnvolle Kombination aus Gewinn und Verlust für uns beide zu finden.

21. A Im Umgang mit Verhandlungen versuche ich, Rücksicht auf die Wünsche der anderen Person zu nehmen.
    B Ich neige immer zu einer direkten Diskussion des Problems.

22. A Ich versuche, eine Position zu finden, die zwischen der anderen Person und meiner liegt.
    B Ich lege meine Wünsche offen.

23. A Ich bin oft daran interessiert, alle unsere Wünsche zu befriedigen.
    B Es gibt Zeiten, da lasse ich Andere die Verantwortung dafür übernehmen, das Problem zu lösen.

24. A Wenn die Position der anderen Person ihr sehr wichtig scheint, würde ich versuchen ihren Wünschen entgegenzukommen.
    B Ich probiere die andere Person dafür zu gewinnen, sich mit einem Kompromiss zu begnügen.

25. A Ich versuche der anderen Person die Logik und Vorteile meiner Position aufzuzeigen.
    B Im Umgang mit Verhandlungen, versuche ich Rücksicht auf die Wünsche der anderen Person zu nehmen.

26. A Ich schlage einen Mittelweg vor.
    B Ich bin fast immer daran interessiert, alle unsere Wünsche zu befriedigen.

27. A Manchmal vermeide ich, Stellung zu beziehen, die eine Kontroverse hervorrufen würden.
    B Wenn es die andere Person glücklich macht, lasse ich ihr ihre Ansichten.

28. A Normalerweise bin ich beständig in der Verfolgung meiner Ziele.
    B Ich suche normalerweise die Hilfe des Anderen bei der Ausarbeitung einer Lösung.

29. A Ich schlage einen Mittelweg vor.
    B Ich meine, dass Differenzen es nicht immer wert sind, sich ihrer wegen zu beunruhigen.

30. A Ich versuche, die Gefühle des Anderen nicht zu verletzen.
    B Ich teile das Problem immer der anderen Person mit, damit wir eine Lösung finden können.

Auswertung des Management of Differences Exercise

Kreisen Sie zur Auswertung in nebenstehender Tabelle die Buchstaben ein, die Sie bei den einzelnen Punkten des Fragebogens eingekreist haben.

Anhang 157

Punkt Nr.	I	II	III	IV	V
1				A	B
2	B	A			
3			A		B
4		A			B
5	A			B	
6			B	A	
7		B		A	
8	B		A		
9			B	A	
10		B	A		
11	A				B
12		B		A	
13		A	B		
14	A		B		
15				B	A
16			B		A
17			A	B	
18		B			A
19	A			B	
20	A	B			
21	B				A
22		A	B		
23	A			B	
24		B			A
25			A		B
26	B	A			
27				A	B
28	B		A		
29		A		B	
30	B				A
	Gesamtanzahl an eingekreisten Punkten in jeder Spalte:				
	I	II	III	IV	V

Antizipierte Neigung bezüglich der Bewältigung eines Konflikts

Anhand der errechneten Auswertung kann eine Neigung zu einem oder zwei vornehmlichen Interessen abgeleitet werden:

I. *Interesse an Problemlösung*
Problembezogen; im Angesicht eines Konflikts, ist gern kreativ und erfindet neue Optionen, arbeitet gerne mit der Gegenseite in einer kooperativen Art und „gemeinsamen Denken", sucht eine Lösung, die die Interessen beider Seiten befriedigt.

II. *Interesse an Kompromiss*
Gewillt, die Differenzen aufzuteilen und Zugeständnisse auszutauschen; gewillt, einen Kompromiss einzugehen: sucht einen Mittelweg, Neigung auf die Fairness der Resolution für *beide* Seiten zu fokussieren; möchte nicht selbstsüchtig und eigennützig erscheinen; fühlt sich unkomfortabel parteiisch oder einseitig zu sein.

III. *Interesse an Sieg*
Neigung, „die Führung zu übernehmen"; übernimmt gerne die Kontrolle; zielbewusst; gewinnt gerne; fühlt sich für das Endergebnis verantwortlich; gewillt zu führen; treibend; kann ungeduldig und eifrig sein; konkurrierend; ist gerne parteiisch.

IV. *Interesse an Konfliktvermeidung*
Mag keine Streitgespräche; meint, Konflikt ist normalerweise unproduktiv; unbehaglich bei expliziter Meinungsverschiedenheit, besonders wenn sie erregt geführt wird; im Angesicht eines Konflikts, Neigung sich zurückzuziehen oder abzuweichen. Ergreift in Streitgesprächen unwahrscheinlich die Initiative, erscheint möglicherweise distanziert und desinteressiert; Abneigung, sich zu sehr zu beteiligen oder Enthusiasmus zu entwickeln.

V. *Interesse an guten Beziehungen:*
Sensibel den Gefühlen Anderer gegenüber; neigt dazu, unterstützend und hilfsbereit zu sein; aufnahmefähig und schlichtend; will gemocht werden; im Angesicht eines Konflikts, Wunsch zu bewahren und die guten Beziehungen zur anderen Seite zu fördern; Kann sich in Streitgesprächen in einer besänftigenden Art benehmen; sehr besorgt, dass ein Konflikt oder Differenzen die Beziehungen zerreißen können.

2. Literaturliste

Nachfolgende Liste stellt eine Zusammenfassung von Quellenmaterial und weiterführender Literatur ohne Anspruch auf Vollständigkeit dar. Der geneigte Leser sei in diesem Zusammenhang auch auf die umfangreichen Möglichkeiten des Internets verwiesen.

Alexander, Nadja, Wirtschaftsmediation in Deutschland. Lang, Frankfurt/M.
Altmann, Gerhard / Fiebiger, Heinrich / Müller, Rolf, Mediation. Konfliktmanagement für moderne Unternehmen. Beltz Weiterbildung, 1999
Berkel, K., Konflikttraining. 5. Aufl. Heidelberg
Besemer, Christoph, Mediation – Vermittlung in Konflikten. Pazifix-Materialvertrieb, 2. Aufl. 1994
Besemer, Christoph, Mediation in der Praxis – Erfahrungen aus den USA. Heidelberg/Freiburg, 1997
Böhm, N., Konfliktbeilegung in personalistischen Gesellschaften. Verlag Dr. Otto Schmidt, Köln, 2000
Breidenbach, Stephan, Mediation – Komplementäre Konfliktbehandlung durch Vermittlung. AnwBl 3/97 S. 135-138
Breidenbach, Stephan, Mediation. Struktur, Chancen und Risiken von Vermittlung im Konflikt. Verlag Dr. Otto Schmidt, Köln, 1995
Bücken, Eckart, Zuhören können, Die Ruhe ins Spiel bringen. Burckhardthaus-Lätare Verlag, Offenbach, 1996
Dietz / Krabbe, Mediation. Ein Überblick über die neue Form der Konfliktlösung durch Vermittlung. Psychologie Report, 1996 Nr. 21, S. 16-29
Dulabaum, Nina L., Mediation: Das ABC – Die Kunst in Konflikten erfolgreich zu vermitteln. Beltz Verlag, 1998
Eyer, E. / Redmann, B. / Webers, T., Wirtschaftsmediation – ein erfolgreicher Weg zu sozialpolitischen Innovationen. Gesellschaft frü Arbeitswissenschaft, Bericht zum 46. Arbeitswissenschaftlichen Kongress vom 15. bis 17.03.00 an der Technischen Universität Berlin, Dortmund, GfA-Press, 2000, S. 339 ff
Eyer, E. / Redmann, B. / Webers, T., Wirtschaftsmediation – ein erfolgreicher Weg zu tragfähigen und zukunftsweisenden Betriebsvereinbarungen. REFA-Nachrichten 2/2000, S. 1-7
Eyer, E. / Redmann, B., Wirtschaftsmediation als Alternative zu Stillstand und Einigungsstelle. Personal 12/1999, S. 618 ff
Eyer, Eckhard, Mediation – Alternative Strategie zur Konfliktlösung. Arbeit und Arbeitsrecht 7/2000 S. 308-311

Faller / Kerntke / Backmann, Konflikte selber lösen – Ein Trainingsbuch für Mediation und Konfliktmanagement. Mülheim/Ruhr, 1996
Fisher, Roger / Brown, Scott, Gute Beziehungen – Die Kunst der Konfliktvermeidung, Konfliktlösung und Kooperation. Campus Verlag, 1997
Fisher, Roger / Ury, William / Patton, Bruce, „Das Harvard Konzept" Sachgerecht Verhandeln – Erfolgreich Verhandeln. Campus, Frankfurt 17. Aufl., 1998
Funk / Malarski, Mediation im Ausbildungsalltag. Konstruktives Streiten lernen. Hiba, Lübeck
Glasl, Friedrich, Konfliktmanagement: Ein Handbuch zur Diagnose und Behandlung von Konflikten für Organisationen und ihre Berater. Verlag Paul Haupt, Bern, 4. Aufl., 1994
Gleason, Sandra E. (Hrsg.), Workplace Dispute Resolution – Directions for the Twenty-First Century, East Lansing, Michigan, 1997
Grunwald/Redel, Teamarbeit und Konflikthandlung. Zeitschrift für Organisation 1986, S.305
Hugo-Becker, Annegret / Becker, Henning, Psychologisches Konfliktmanagement. Menschenkenntnis, Konfliktfähigkeit, Kooperation. Beck-Wirtschaftsberater, 2000
Kindler, Konflikte konstruktiv lösen. Wien 1994
Lawrence / Lorsch, in Kurtz, H.-J.: Konfliktbewältigung im Unternehmen. 1. Aufl., Deutscher Instituts-Verlag, Köln 1983
Lenz, Cristina / Mueller, Andreas, Businessmediation – Einigung ohne Gericht. Verlag moderne industrie, 1999
Montoda, Prof. Dr. Leo / Kals, Dr. Elisabeth, Mediation: Lehrbuch für Psychologen und Juristen, Psychologische Verlags Union, 1. Aufl., 2001
Müller-Wolf / Budde / Hermenau / Teubner, Konflikte im Arbeitsleben. FH Hamburg, FB Sozialpädagogik
Petermann, Franz / Pietsch, Katharina (Hrsg.), Mediation als Kooperation, Otto Müller Verlag, 2000
Pühl, Harald, Supervision und Organisationsentwicklung. 3. Auflage, 2009
Redmann, B, Mediation – Erfolgreiche Alternative zur Einigungsstelle? Fachanwalt Arbeitsrecht 3/2000 S. 76-78
Schulz von Thun, Friedemann, Miteinander reden: Störungen und Klärungen, Psychologie der zwischenmenschlichen Kommunikation. Bd. I. Reinbek bei Hamburg, 1981
Schwarz, Gerhard, Konfliktmanagement. Sechs Grundmodelle der Konfliktlösung. Gabler, Wiesbaden, 1990
Siegel, K., Produktivitätssteigerung im Team durch Gain-Sharing. In: Eyer, E. (Hrsg): Report Vergütung – Entgeltgestaltung für Mitarbeiter und Manager. Düsseldorf 2000, S. 61-68

Stein, Personalprofis. Euro-Wirtschaftsmagazin 9/1999
Steinbrück, Ralf, GmbH Rundschau Heft 10/99: „Wo gestritten wird, schwinden die Erträge".
Tannen, Deborah, Job Talk – Wie Frauen und Männer am Arbeitsplatz miteinander reden. Goldmann, 1997
Thomann, Christoph / Schulz von Thun, Friedrich, Klärungshilfe– Konflikte im Beruf. Methoden und Modelle klärender Gespräche bei gestörter Zusammenarbeit. Rowohlt Verlag, 1988
Ury, William, Schwierige Verhandlungen. Deutsche Ausgabe, Campus, 1997
Webers, T. / Redmann, B., Erfolgreiche Wege zu innovativen Vergütungssytemen durch Wirtschaftsmediation. In: Schmitz-Bühl, S.M. (Hrsg): Wirtschaftspsychologie – Unternehmen verändern) Vortrag auf dem Kongress für Wirtschaftspsychologie, Frankfurt am Main 29.-31.05.2000), Lengerich: Pabst Science Publishers, 2000, S. 43
Wittschier, Bernd, Konflixt und zugenäht (Wirtschaftsmediation), Wiesbaden, 1998

3. Glossar

Begriffsbestimmungen der in der Mediation und anderen ADR-Verfahren verwendeten Ausdrücke und Begriffe.

Coaching	Einzeltraining oder Einzelschulung für eine Person. Vorangegangen ist eine genaue Analyse der betroffenen Person, auf die die Schulung abgestimmt wird.
Duplik	Im Zivilprozess: Die schriftliche Gegenerklärung des Beklagten als Antwort auf die Replik des Klägers.
Ein-Text-Verfahren	Effizientes Verfahren zur Bearbeitung eines Textes durch verschiedene Personen. Mittels farblicher Kennzeichnung überarbeiteter Textpassagen können andere Bearbeiter diese Änderungen durch simple Anpassung der Textfarbe akzeptieren.
Empowerment	E. ist die externe Stützung und Stärkung der Konfliktbeteiligten um sie in den Zustand zu versetzen, selbstverantwortlich den Prozess mit zu gestalten und eine Entscheidung für eine tragfähige Lösung zu finden.
Evaluierung	Inhaltliche bzw. strukturelle Überprüfung der während und nach der Mediation gewonnenen Erkenntnisse und Ergebnisse.
Klageerwiderung	Im Zivilprozess: Die schriftliche Stellungnahme des Beklagten zur Klage.
Konflikt	Streit zwischen zwei oder mehr Parteien. Kann von simplen Meinungsverschiedenheiten bis zu offenen Auseinandersetzungen reichen.
Main-Mediation	Der Hauptteil der Mediation, in dem die Konfliktbeteiligten in 5 Phasen zu einer einvernehmlichen Lösung gelangen. Ihr vorgestellt ist die Pre-Mediation, die Post-Mediation folgt ihr.
Mediant	Person, die als Konfliktbetroffener an einer Mediation teilnimmt (Synonym: Partei).
Mediation	Von einer neutralen Person moderiertes Verfahren, in dem die Parteien selbst ein optimales Ergebnis erarbeiten.
Mediationsmodell, dreistufig	Die drei Stufen der Mediation: Pre-Mediation, Main-Mediation und Post-Mediation.

Anhang

Mediationsabschlussvertrag	Der Vertrag, den die Streitparteien nach Abschluss einer Mediation untereinander schließen. Er beinhaltet die während der Mediation erzielten Ergebnisse.
Mediator	Neutrale Person, die die Verhandlungen während einer Mediation leitet.
Mediationsvereinbarung	Vertrag, der zwischen dem Mediator und den Streitparteien vor Beginn der Mediation geschlossen wird. Er beschreibt die Randbedingungen und regelt den Ablauf der Mediation.
Niveauverschiebung	Niveauverschiebung ist das Abweichen des aktuellen Leistungsniveaus vom bisherigen. Über die Niveauverschiebung werden Diskrepanzen der Ist- und Sollzustände der Arbeitsleistung definiert.
Pre-Mediation	Prüfung des Konflikts hinsichtlich Eignung zur Mediation, Information über das Verfahren, Prüfung, ob eine Mediation geeignet ist, Mediatorenauswahl. (Nutzung des englischen Begriffs)
Pre-Mediation-Paper	Vertrauliche Unterrichtung des Mediators über den Konflikt in rechtlicher, wirtschaftlicher und persönlicher Hinsicht.
Post-Mediation	Umsetzung des Inhalts der Mediationsvereinbarung – Evaluation der erfolgten Mediation. (Nutzung des englischen Begriffs)
Reaktive Entwertung	Entwertung durch die Art der Reaktion
Replik	Im Zivilprozess: Schriftliche Erwiderung des Klägers auf die Klageerwiderung des Beklagten.
Schiedsgerichtsverfahren	Durch eine Klausel eingeleitetes Verfahren, das häufig von Wirtschaftsunternehmen genutzt wird, um eine schnelle aber bindende Entscheidung herbeizuführen, die durch die Schiedsrichter getroffen wird.
Schiedsrichter	Setzen sich zusammen aus einem Vorsitzenden (Professioneller Richter, der von einer unabhängigen Institution bestimmt wird) und zwei Beisitzern (Managern, die die jeweiligen Unternehmern frei wählen).
Schlichtung	Außergerichtliches Verfahren, bei dem der Schlichter aufgrund seiner Erfahrung und Rechtskenntnisse den Parteien das voraussichtliche Ergebnis eines Gerichts darlegt und ihnen daraufhin eine wirtschaftliche Lösung vorschlägt.

4. Abkürzungsliste

Liste der verwendeten/gebräuchlichen Abkürzungen, soweit sie nicht dem allgemeinen Sprachgebrauch entstammen.

ADR	Alternative Dispute Resolution (engl.: Alternative Streitlösung)
AnwBl	Anwaltsblatt
BMWA	Bundesverband für Mediation in Wirtschaft und Arbeitswelt
BORA	Berufsordnung für Rechtsanwälte
EGZPO	Einführungsgesetz zur Zivilprozessordnung
RVG	Rechtsanwaltsvergütungsgesetz
SDMC	San Diego Mediation Center
SMART	Specific, Measurable, Achievable, Realistic, Timed
SMART	Spezifisch, Messbar, Aktionsorientiert, Realistisch, Terminiert (Deutsche Definition nach Dale-Carnegie-Training)
SMART	Spezifisch, Messbar, Ausführbar, Realistisch, Termingerecht (Deutsche Definition nach Lenz/Mueller)

Anhang

5. Hinweise und Adressen

Seit einigen Jahren gibt es Berufsverbände für Mediation, die für diese Tätigkeit qualifizierte Weiterbildungen mit entsprechenden Standards verabschiedet haben. Hier können Adressen von Mediatorinnen und Mediatoren abgefragt werden:

Deutschland:

Bundesverband für Mediation in Wirtschaft und Arbeitswelt (BMWA)
Welserstr. 9, 86368 Gersthofen
Tel: 0821/588 64 366, Fax: 29 82 67 996
www.bmwa.de

Bundesverband Mediation (BM)
Kirchstr. 80, D-34119 Kassel
Tel. 0561-73 96 413
www.bmev.de

Österreich:

Österreichischer Bundesverband der MediatorInnen
Lerchenfelderstr. 36/3, A-1080 Wien
Tel. 01-403 27 61, Fax 01-403 27 61-12
www.Oebm.at

Bundesministerium für Justiz –
Liste anerkannter MediatorInnen nach dem Mediationsgesetz:
www.mediatorenliste.justiz.gv.at/mediatoren/mediatoren.nsf

Schweiz:

Schweizer Verein für Mediation (SVM)
Rankried 8, CH- 048 Horw
Tel. 041 342 17 63
Fax 041 340 35 72
www.svm-asm.ch

Schweizer Dachverband Mediation (SDM-FSM)
Geschäftsstelle Martin Zwahlen
Maulbeerstrasse 10, CH-3001 Bern
Tel. 031 318 58 17,
www.infomediation.ch

Downloads:

Verfahrensordnung des BMWA:
http://www.bmwa.de/downloads/0verfahrensordnung_10_04.pdf
Mediationsvereinbarung des BMWA:
http://www.bmwa.de/downloads/0mediatorenvertrag.doc
Honorarvereinbarung BMWA:
http://www.bmwa.de/downloads/0hono-v.doc
Mediationsklausel des BMWA:
http://www.bmwa.de/downloads/0mediationsklausel_10_04.doc

Organisation**Beratung**Mediation

Harald Pühl
Angst in Gruppen und Institutionen
Nach Beobachtungen des Autors wird Angst über offene oder verdeckte Strukturen gebunden. Mythenbildung dient in Arbeitsgruppen zur Verarbeitung und Kanalisierung von Angst. Der rasante Umbau unserer Institutionen einhergehend mit der teilweisen Auflösung angstbindender Strukturen macht den Klassiker des Autors aktueller denn je!
"Das Buch von Harald Pühl muss großes Interesse hervorrufen, weil es Licht in das Dunkel der Beziehungen bringt: zwischen uns und uns wichtigen Gruppen und Institutionen." - *Psychologie Heute*
164 S., ISBN 978-3-934391-25-3, Eur 18,00/sFr 31,00

Peter Heintel, Larissa Kreiner, Martina Ukowitz
Beratung und Ethik - Praxis, Modelle, Dimensionen
Dieser Band bietet eine bemerkenswerte Sammlung von Aufsätzen zum Thema Beratung und Ethik.... Das Buch leistet einen wichtigen Beitrag, gerade in den (ausklingenden) Zeiten der Globalisierung und des rabiaten Kapitalismus, denn offensichtlich beginnt ein neuer Wettbewerb der ökonomischen und moralischen Werte." - *OrganisationsEntwicklung*
280 S., ISBN 978-3-934391-29-1, Euro 26,-, sFr 45,00

Harald Pühl (Hrsg.)
Mediation in Organisationen
Neue Wege des Konfliktmanagements: Grundlagen und Praxis
Beiträge von Andrea Budde, Gerhard Falk, Peter Heintel, Inka Heisig, Peter Knapp, Christa Kolodej, Cristina Lenz, Andreas Novak, Hüseyin Özdemir, Harald Pühl, Alexander Redlich, Karsten Waniorek.
"Das Buch ist als ein guter Einstieg für all diejenigen zu empfehlen, die sich einen Überblick über Mediation und ihre Anwendungen bzw. Flankierungen in der Konfliktarbeit bei Organisationen informieren wollen." - *Zeitschrift für Konfliktmanagement*
ISBN 978-3-934391-16-1, 200 Seiten, Euro 19,95/sFr 35,20

www.leutner-verlag.de

OrganisationBeratungMediation

Rainer von Gehlen

DAS BLOCKIERTE UNTERNEHMEN

Kommunikationsstörungen produktiv nutzen: Wie manage ich andere und mich selbst?

Dieses Buch zeigt praxisnah, wie Kommunikationsstörungen in kleinen und großen Unternehmen zu Produktivitäts- und Motivationseinbußen führen, die Firmen jährlich mehrere Milliarden Euro kosten.

Mitarbeiter aller hierarchischen Ebenen können Gewohnheiten, Haltungen und Verhaltensweisen entwickeln, die ähnlich einer Thrombose das Kreislaufsystem eines Unternehmens blockieren, die Zusammenarbeit behindern und die operative Leistungsfähigkeit gefährden.

Blockierte Unternehmen sind gekennzeichnet durch: Wahrnehmungs- und Kontaktstörungen, inkompatible Wirklichkeitskonstruktionen, unklare Aufträge, Rollen und Erwartungen, schlechte Zusammenarbeitskultur, Machtkämpfe, Vertrauensverlust, ineffektive Teambesprechungen, Manager mit unzureichendem Selbstmanagement, Zeitmangel.

Auf dem Fundament aktueller Kommunikationstheorie und neurobiologischer Erkenntnisse gelingt es dem Autor auf leicht verständliche und humorvolle Weise anhand von Fallbeispielen, Checklisten, Tabellen und Textfeldern, die den Leser einbeziehen, eine neue Consulting- und Coaching-Methode als Steuerungsmodell vorzustellen, die zu erstaunlichen Erfolgen geführt hat.

Broschiert, 144 Seiten, ISBN 978-3-934391-44-4, Euro 19,95/sFr 35,20

www.leutner-verlag.de